教養としてのハイブランド

とあるショップのてんちょう 著

Why does a simple white shirt
cost 100,000 yen...?

Saiz

イラスト　吉川尚哉

はじめに – introduction

はじめまして。

とあるショップのてんちょうと申します。

元々はセレクトショップで店長を務めるかたわら、バイヤーとして服の買い付けをしたり、現在はYouTubeにてファッションに関する情報を発信したりしています。今もまだ現役でアパレル業界に身を置きながらこの本を書いているわけですが、ここで皆さまにひとつ、質問があります。


服って、高すぎると思いませんか？


ここで言う服というのは、エルメス、マルジェラ、バレンシアガといった、世間で「ハイブランド」と呼ばれているお店の服のことです。いわゆる〝ブランドもの〟ですね。

値段が値段だし、高品質でこだわっていることは分かるけど、それでも**一見なんの変哲もない白シャツやパーカーが、普通に10万円を超えてしまうような世界**です。

なぜ、そんなに高いのか？

いきなり結論めいたことを書いてしまいますが、ブランドものを買う人は、詰まるところ**「そのブランドが重ねてきた歴史」**にお金を払っているのだと僕は思います。

もちろん、**ブランド独自のデザインや質の良い素材使い**にお金を払っているという側面もあります。ただ極端な話、例えば**ハイブランドが出しているのと同じ素材で、同じ型を使ってしまえば、少なくとも表面上は同じ商品を作り上げることは可能**です。実際、そのようにハイブランドに寄せて作った商品を、安く販売しているお店もありますからね。

そういったやり方を否定するつもりはありませんが、ではその上でハイブランドは何が違うのかと言うと、やはり目には見えない価値、「ブランドが持つストーリー」という話になってくるわけです。

おそらくこう聞くと、**「それでもブランドに魅力を感じちゃうんだよな」**という方と、**「結局そんなことか」**と思ってしまった方、両方いらっしゃると思います。どちらのお気持ちも分かりますし、**僕はどちらの方にも読んでほしいと思って、この本を書きました。**

本書に書いてあるのはファッション全体の歴史、そしてその中で誕生してきた、たくさんの素晴らし

いブランドたちの物語です。

アパレル業界は、ものすごく見栄っ張りでカッコつけなところがあります。おまけにプライドもめちゃくちゃ高い。だから、いざファッションの歴史について知りたいと思っても、小難しく説明してきたり、余白を残した抽象的な言い回しをしたりします。不必要にハードルを上げてしまいがちなんですね。

そういった現状を打破する本にしたいと思い、**カッコつけた言葉は使わず、可能な限り具体的な解説を心がけました。**

服好きな方にとっては、よりファッションが楽しくなる1冊に。なんとなく興味本位で手にとっていただいた方にとっては、新たな世界に踏み入れるきっかけとなる入門書に。本書がそんな存在になってくれれば、幸いです。

構成としては時代ごとに章分けをしてありますが、歴史の話だからといって堅苦しく考えず、好きなところから読んでいただいて構いません。

それでは、はじめましょう！

戦後～50年代

高級仕立て服の時代

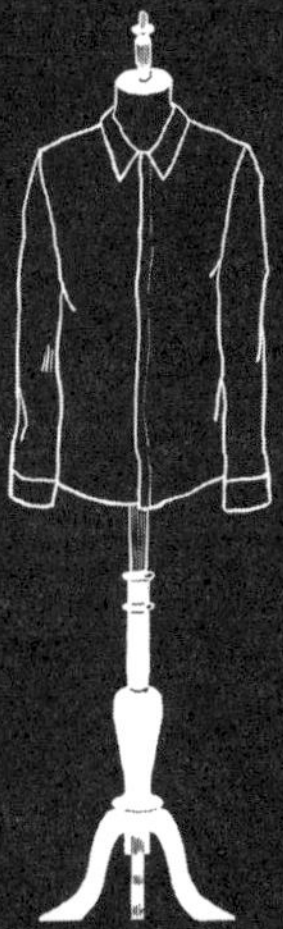

ファッションは上流階級の特権だった

服飾史というのは少々歪んだところがありまして、20世紀、つまり1900年代よりも前の時代で取り扱われるのは主に**上流階級の服やファッションばかり**で、同じ時代の民衆のファッションについてはほとんど触れられません。

どうしても上流階級の文化の方が歴史や資料として残りやすいため、これは致し方ない点もあるでしょう。

しかし20世紀を過ぎると、大きな動きが出てきます。理由は後述しますが、少しずつ民衆の服がクローズアップされるようになってくるのです。

そのためファッション史、中でも「**モード**[※1]」について話をする場合は、**大体1900年前後を「近代ファッションの黎明期」として設定するのが一般的**かと思います。しかし正直に言いますと、この辺りの出来事は、ファッションの歴史という観点ではとても重要なものではあるのですが、実際に興味があるという人はあまり多くありません。どちらかと言えば世界史とか、そっち寄りの話も多くなってしまいがち

※1 モード。これってかなり曖昧な言葉で、同じアパレル業界にいても人によって定義が違ったりするんですよね。この本における「モード」の定義は、「パリを中心とするコレクションから発表される、最先端の流行」とさせていただきます。

ですからね。

だからこの章に関しては、**超大まかに、重要な点だけ**押さえていこうと思います。

オシャレは面倒臭かった

1858年。近代的なファッションの仕組みが誕生し、「オシャレ」の間口が少しだけ広がることになります。

この年は、シャルル・フレデリック・ウォルトというイギリス人が、自身の店を創業した年です。彼の功績を端的に言うならば、

「オートクチュール[※2]という仕組みを作ったデザイナー」


という所でしょうか。

となると次は、「オートクチュールとは何ぞや？」という話になりますよね。まずはそこをご説明します。

シャルル・フレデリック・ウォルト
(1825－1895)

ウォルトが登場する以前の服の作り方は、かなり面倒臭いものでした。

例えばドレスが欲しいと思った場合、まずは生地や装飾品を自分で買い集め、メーカーでデザインをしてもらい、採寸を済ませ、また別の所で縫ってもらう……といった手順を踏む必要があったのです。各工程が連携されていないが為に、何人もの人とやりとりをする必要があったんですね。

そこでウォルトは、**自身の名前の下に、服の生地の選択から仕立てまで一貫して請け負うというシステム**を考案しました。これが、オートクチュールです。当時としては、とても画期的な仕組みでした。

ではウォルトが考案したオートクチュールという仕組みは、どのようにして世間の人々に受け入れられ、定着するようになったのでしょうか？　これには、当時のフランス情勢が大きく関わってきます。

当時のフランスでは貴族階級の人達に代わり、**ブルジョワジーと呼ばれる人たちが社会の覇権を握っていました。**ブルジョワジーとは簡単に言うと、お金持ちのことです。

元々は民衆に分類されていたブルジョワ層は、商業的な成功を収め富を蓄えること

※2　フランス語でオートは「高級な」、クチュールは「仕立て」を意味する言葉です。

で、力をつけていきました。その結果、彼らは貴族や聖職者など、いわゆる上流階級の人々に代わる新たな支配者へと変化していったのです。

オートクチュールは、このブルジョワ層に支持された仕組みでした。

例えば流行りのドレスを購入したとしても、時間が過ぎればまた新しいモード（流行）が生まれてきます。そのため時代に付いて行くためには、継続的に高価な服を購入し続けないといけませんでした。

ブルジョワジーにとっての最大の武器は、やはりお金です。彼らは自分たちの力を示すため、オートクチュールという仕組みを利用したのでした。

ほんの少しだけ裾野が広がったとはいえ、**この頃のファッションはまだまだ、一定以上の力やお金を持った人たちのものだった**んですね。

「モードには、それを購入できる者とできない者、特権階級と非特権階級という図式がある」

これはユナイテッドアローズのクリエイティブディレクターである栗野宏文氏の言葉ですが、ある種の真理と言えるのではないでしょうか。

この時代のファッションは上流階級、またそれに追随するブルジョワジーたちのいわば専売特許であり、**良いドレスを着るということは、自身にそれだけの富があるということの証明、ステータス**でした。

こうしてオートクチュールという仕組みは世界中の支配階級の人へと広まっていき、1960年頃にプレタポルテという新たな仕組みが台頭するまで、主流として用いられることになります。

戦前に活躍したデザイナー

ウォルトが考案したオートクチュール全盛のこの時代に、一世を風靡したデザイナーを3人ご紹介します。

ポール・ポワレ、エルザ・スキャパレッツリ、そしてココ・シャネル[※3]です。

ポール・ポワレは女性をコルセットという拘束具から解放し、ファッション業界の近代化に貢献した先駆者と言われる存在です。一方のスキャパレッツリは「ショッキン

※3 ココ・シャネルについては戦後にも活躍する場面がありますので、後程詳しくご紹介しようと思います。

グピンクの女王」と称され、同時期に活躍したココ・シャネルとはバチバチのライバル関係にありました。

いずれも20世紀のモードについて話をするのであれば欠かすことの出来ない人物ですが、現在、一般に名前が浸透しているのはココ・シャネルの「CHANEL」だけではないでしょうか。ファッション業界の人間からしても、シャネル以外の2人はややマニアックな歴史上の人物、という印象です。

シャネルに比べて2人の認知度が低いのは、「現在も存続しているブランドではないから」というのが大きな理由でしょう。では仮にも服飾の歴史に名前を残すほどのデザイナーのブランドが、なぜ無くなってしまうのでしょうか？

それは**時が流れるにつれ、彼らの作るファッションが、世間の求めるものと乖離し始めた**からに他なりません。

一時は「キング・オブ・ファッション」とまで言われたポール・ポワレですが、1914年に勃発した第一次世界大戦を契機に、自身の置かれる状況が大きく変化

ポール・ポワレ
(1879-1944)

してしまいました。彼の製作する服は過去の産物と化し、威光を失ってしまったのです。そして彼の経営する店も、1930年に差し掛かる頃には閉店してしまいます。

それでもベルエポック（良き時代）、言うなれば自身が最も輝いていた時代が再びまた来ると信じていたポール・ポワレの思いは結局最後まで報われず、晩年はかなりの貧困に苦しんだと言われています。※4

スキャパレッリは戦前の1930年代から1940年代にかけて大きく活躍した人物ですが、1939年に第二次世界大戦が勃発。アメリカが参戦した1941年に彼女はニューヨークへ移住しました。

そして終戦を迎えた1945年にまたパリへ戻り、新たにオートクチュールコレクションを再開しますが、その頃のファッション業界には既に、新たな流れが出来上がっていました。その中心となっていたデザイナーが、かの有名なクリスチャン・ディオールです。これについては、後ほど詳しくご紹介しましょう。

スキャパレッリの店は、1954年のコレクションを最後に閉店しています。

※4 オートクチュールの生みの親であるシャルル・フレデリック・ウォルトが立ち上げたブランドも、時代の流れに付いて行くことはできませんでした。実の息子であるガストン・リシュアンとジャン・フィリップという人物に引き継がれたブランドは、時代にそぐわない豪華なドレスにこだわり続けたためか、1956年に閉店してしまいます。

戦争がファッションを変えた

時代はどんどん戦争へと傾いていきます。

1914年に勃発した第一次世界大戦は、歴史上初の総力戦でした。戦争に動員された男性の代わりに女性が働くようになり、**動きやすく、シンプルな服が求められるように**変化していきました。

1900年代に入ってから、ポール・ポワレによるコルセットの解放をはじめ、服装がシンプル化する傾向は間違いなくあったのですが、戦争はその流れにさらに拍車をかけることとなります。

現代に生きる皆さんが想像するような「洋服」が具体的に台頭し始めるのは、第一次世界大戦を終えて間もない1920年頃からだと言われています。そういった点を踏まえると、**20世紀のモードが本当の意味で始まったのはこの頃からと言えるのかもしれません。**

そして1939年9月3日。

ナチスドイツがポーランドへ侵攻した2日後であるこの日に、イギリスとフランスはドイツへ宣戦布告をしました。第二次世界大戦の開戦です。

この戦争で、ナチスドイツはファッションの中心地であったフランス・パリを占領しました。わずか1か月と少しという短い時間で、フランスはナチスドイツに呆気なく敗れてしまったのです。以降フランスは、1944年にパリが解放されるまでの4年間、ナチスドイツの占領に苦しむことになります。

この時代、オートクチュール業界はほとんどその力を失っていました。

ナチスドイツの占領を許した、ファッションの中心地・パリ。昔ながらのオートクチュールを何とか続ける店もありましたが、お客さんはほんの一握りの大金持ちと、ナチス高官の妻やその協力者ばかりでした。

またナチスはフランスのファッション産業を高く評価していましたから、どうにかしてこの業界を自分たちの物にしようと企んでいました。

一方イギリスでは1941年、衣料品の制限がかけられるようになりました。これは使用する布の量やプリーツ（ひだ）、ボタンといった装飾の使用を制限するもので、

※5 当時のクリスチャン・ディオールが記した言葉の中に、「1946年12月、女性たちの身なりは、戦争と制服のせいで、いまだにアマゾネスのようだ」というものがあります。

加えて同年6月には配給制も導入されます。

当たり前の話ですが、**戦争という局面でファッションを楽しむなんて二の次、三の次**です。政府によりこういった制限がかけられますと、身分に関係なくどの階級の人間であってもそれに従いますから、全国民の服装がユニフォームの様に似通ってきます。そこにはファッションという文字はなく、ただ生きていく為に必要な最低限の姿でしかありませんでした。※5

もちろんイギリスに限った話ではありませんが、**人々の服装はファッション性ではなく、実用性を求めた形へとどんどん変化していった**のです。

しかしどうしてか、今改めて当時の資料写真を眺めてみると、ファッションとは程遠いとされていたその姿が不思議とかっこ良く見えたりもします。

こう感じるのもまた、時代の流れなのかもしれませんね。

戦時中の女性の服装

戦後、日本の「憧れ」になったアメリカ

第二次世界大戦は、日本、ドイツ、イタリアの日独伊三国同盟を中心とする枢軸国と、イギリス、フランス、ソビエト（ロシア）、アメリカをはじめとする連合国の間で行われた戦争で、その期間は1945年9月2日までの約6年間に及びました。

そしてご存じの通り、戦後の世界を牛耳ったのはアメリカでした。

太平洋戦争に敗れた日本は1945年から1952年までの7年間、アメリカの占領下に置かれることとなります。

戦後、日本のファッションスタイルは欧米、特にアメリカの模倣から始まりました。アメリカという国が持つ圧倒的な豊かさが、当時の日本人にとって憧れの的となったのです。

もんぺを穿く日本人女性

また「洋服」が一般国民に広がっていく大きな要因として、「洋裁ブーム」の影響も見逃すことができません。現代を生きる私たちにとって洋裁、つまり服作りを習うと聞きますと、「夢を叶えたい」「自分を表現したい」といった動機が思い浮かびますが、この時代は違います。**洋裁を習うことは、生きる為の手段だった**のです。

戦後間もない、混沌とした時代。生活をする上で必要不可欠な物ですら不足していたこの時期において、服とは買うものではなく、むしろ手放されるものでした。

食べものを買うために、着るものを売る。

そんなタケノコ生活をし、当時の女性たちは**「もんぺ」と呼ばれる農作業用のパンツ**を穿き過ごしていました。また戦争で夫をなくし、未亡人となっている女性も多く、着るものを自分で作る事ができる技術というのは重宝されました。

そんな環境もあり、１９４８年時点では全国で６８９校だった洋裁学校の数は、１９５２年には６７４８校にまで急増しています。名門・文化服装学院※6も、１９４６年時点で学生数が約３０００人であったのに対し、翌年は約６０００人にまで倍増し、校舎に収容できない程にまで増えていたそうです。

※6 文化服装学院は１９１９年に設立した日本の服飾専門学校です。世界的なファッションデザイナーを数多く輩出しており、のちのちご紹介しますが、高田賢三、ＮＩＧＯ、高橋盾、渡辺淳弥、山本耀司などが卒業生として知られています。

その異常なまでの需要の高さから、洋裁の技術がいかに重宝されていたかが窺えますね。

パリを脅かしたアメリカンファッション

戦後、アメリカがその影響力を発揮したのは、もちろん日本に対してだけではありません。19世紀がイギリスの世紀であったのに対して、**20世紀はアメリカの世紀である**とよく言われます。その影響力は政治や経済、軍事面だけではなく、ファッション業界にまで力を放ちました。

それまでファッションの中心にいたのはヨーロッパであり、パリ・モードです。その頃のアメリカにはまだ、現代で言われるような「アメリカンカジュアル（アメカジ）」という確立したスタイルはなく、パリで生まれたモードを模倣する事が基本でした。

またアメリカは貧富の差も大きく、オートクチュールの服を購入できるような富裕層は本当にごく一部だったと言います。当時は大衆向けの既製服の方が、圧倒的に需要が高かったようです。

しかし1930年代〜戦後になると、徐々に新たな流れが生まれ始めます。**アメリカのファッションデザイナーが、パリのモードとはまた違う独自のスタイルを確立し始めた**のです。

この流れに至るまでには、2つの背景がありました。

ひとつは、1929年にアメリカの株価が大暴落したことで起きた世界恐慌。もうひとつは先述の通り、パリがナチスドイツに占領され、パリ・モードの情報が一切遮断されてしまったことです。

庶民のためのアメリカン・ルック

アメリカから新たなファッションを提案したのは、**クレア・マッカーデル**という人物でした。

彼女がこれまで登場したデザイナーたちと大きく違うのは、上流階級のためのオートクチュールではなく、**アメリカの中産階級をターゲットとした既製服を作ったデザイナー**だったという点です。こうした服飾史に登場するデザイナーとしては、彼女は少し異質と言えます。

彼女が特に力を入れて作っていたのは、**スポーツウェア**でした。ただしスポーツウェアと言っても、現代の感覚でイメージするような、いわゆる運動着ではありません。当時の「スポーツウェア」とは、オートクチュールのように華美な装飾のあるものではなく、工場で生産する事を想定した、**シンプルで着心地の良い服を指す言葉**でした。要はカジュアル着ですね。

マッカーデルのスポーツウェアは、金額的な面も含め、多くのアメリカ人女性に

クレア・マッカーデル
が提案したスポーツウェア

受け入れられていきました。

大量消費を前提とした豊かなアメリカ社会に順応した、実用性の高いシンプルで機能的な服――これがパリにはないアメリカ独自のアイデンティティとなり、後の、**私たちが想像するような「アメカジ」の基礎**となったのです。

パリ・モードの復活

一時はアメリカに覇権を取られそうになったファッション業界ですが、もちろんフランス・パリも黙ってはいません。ナチスドイツの占領から解放された1944年、パリのオートクチュール業界はパリ・コレクションを再開しました。

しかし6年にもおよぶ戦争の傷跡はあまりに大きく、占領時の影響から、パリがクチュール業界から孤立してしまっているという課題も抱えていました。

1945年、そういった状態を危惧したダニエル・ゴランという人物は、ポール・

カルダケという人物に相談し、とあるイベントを開催します。それが、**「THEATRE DE LA MODE テアトル・ドゥ・ラ・モード」**というイベントでした。

イベントの内容は、人間の半分程の大きさの人形に服を着せて展示し、新しいモードを提案するというもの。戦後間もなく、物資も不足している中でなんとかパリの最新のモードをアピールできないかと考え出された、苦肉の策でした。

この「テアトル・ドゥ・ラ・モード」は、結果的に大成功を収めました。

参加したブランドは「ジャック・ファット」、「バレンシアガ」、「ジバンシィ」、「バルマン」、「リュシアン・ルロン」……等々。現代でも知名度、人気ともに高いブランドばかりですね。

戦後のパリで一世を風靡したブランドと言いますと、どうしても「ディオール」の名前ばかり出てしまいがちですが、これらのブランドも当時から負けず劣らず活躍していました。

せっかくなのでディオールの話をする前に、当時のこれらのブランドについてもいくつかご紹介しましょう。

BALENCIAGA（バレンシアガ）

バレンシアガ。

現代の服好きであれば誰もが注目する最重要ブランドのひとつであることは、もはや言うまでもないでしょう。

皆さんのなかではバチバチに尖った最先端ブランドという認識が強いかもしれませんが、**実はバレンシアガって、かなり歴史のあるブランドなんですよね。**創業は1917年、クリストバル・バレンシアガによるフランスのブランドです。

バレンシアガ自身はスペイン人で、一度目の創業もスペインです。しかし1936年に起きたスペイン内戦の最中に破産し、翌年にフランス・パリで店を再開した、という経緯があります。

バレンシアガは「ファッション界のミケランジェロ」や「クチュール界の建築家」などと称されるほど、**シンプルかつ構築的な服作り**を得意とするデザイナーでした。

ちなみにこの「構築的」という言葉、ファッションの解説でたまに見かける単語ですが、正直よく意味が分かりませんよね。要するに、人間本来の身体のシルエットに反した、変わった形の服ということです。左ページのイラストなんかが、良い例だと思います。

「あって価値が下がるくらいなら、なくしてしまうほうが良い」

「エレガンスとは排除することだ」

という価値観を持つバレンシアガは、間違いなく**オートクチュールの黄金期を築いたひとり**だと言えます。

戦後、モードの先頭を走っていたのは、この後に登場するクリスチャン・ディオールでした。彼は分かりやすいラグジュアリーな服を作った人ですが、一方のバレンシアガは**技術力の高さとそれに伴うバランス感覚**が評価された人です。

華やかなディオールと、技術力のバレンシアガ。どちらも素晴らしいデザイナーであることには変わりないのですが、タイプの違うすごさを持っていたというわけです。

バレンシアガが現役を引退するのは、１９６８年のこと。

「自分の服を着せたい人がいなくなった」

という言葉を残し、彼はクチュール業界を去って行きました。

そして現在。このあたりについては後に詳しく触れますが、2015年にデムナ・ヴァザリアがアーティスティックディレクターに就任して以来、バレンシアガは今、最も尖ったデザインを提案し続ける最先端ブランドのひとつと言って間違いありません。

かつては洗練された高い技術力を武器としていたバレンシアガが、現在はインパクトのあるセンセーショナルなデザイン性で戦っているわけですから、これはかなり大きな方向転換だと言えるでしょう。こういった方向転換には、「伝統を軽んじるな！」

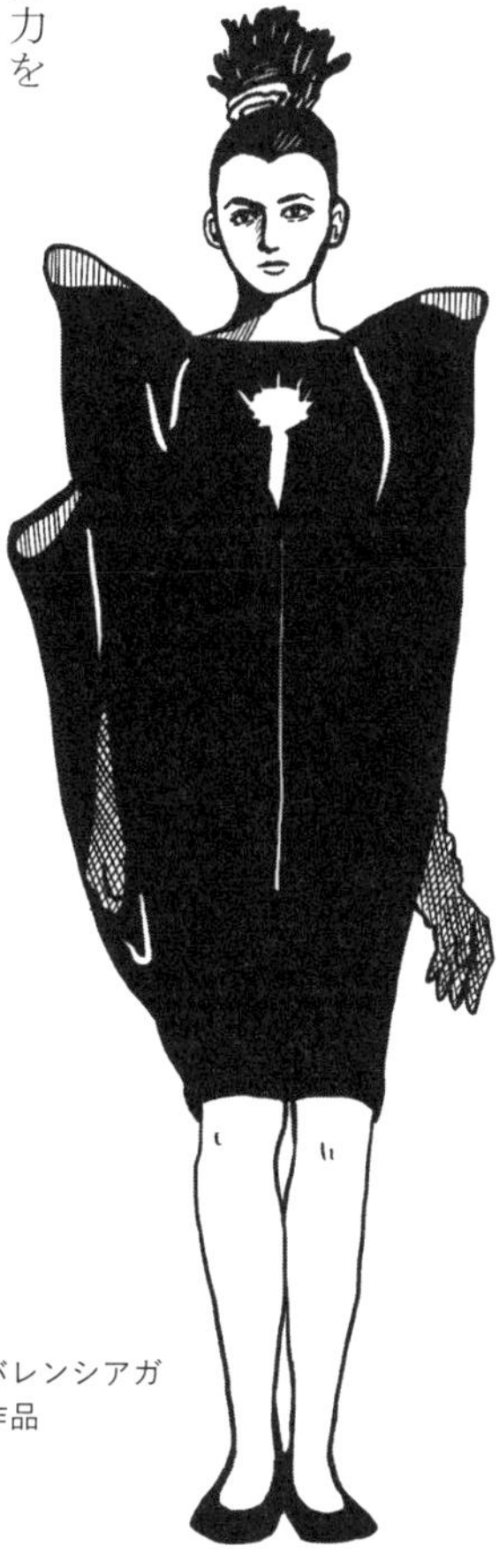

クリストバル・バレンシアガによる構築的な作品

という批判が付き物なんですが、これも難しい問題なんですよね。**伝統も新しさも、言ってしまえばどちらも大事**なんですから。

伝統を捨てたがゆえに落ちるブランドもあれば、伝統に縛られすぎて淘汰されるブランドもあります。少なくともバレンシアガにとってこの変革は、現在の勢いを見れば正しかったと見て間違いないでしょう。

Givenchy（ジバンシィ）

デザイナーはユベール・ド・ジバンシィ。1952年に誕生したブランドです。体型に左右されない、動きやすいドレスを提案するなど、**その斬新なアイデアと感性から「モードの神童」と呼ばれました。**

バレンシアガとは深い親交があり、40年以上デザイナーを務めた自身のブランドの最後のショーには、師匠であるバレンシアガがデザインした白いコートを着て登場したという逸話も残っています。

※7 ブランドの顔となるデザイナーは「クリエイティブディレクター」や「アーティスティックディレクター」と呼ばれることもあります。厳密には少しずつ意味が異なりますが、どれもブランド全体を仕切るポジションであることに変わりはなく、ぶっちゃけ外部の僕たちにとってはほとんど同じものだと思ってもらって大丈夫です。

またジバンシィは、オードリー・ヘプバーンの衣装を担当していた事で有名です。1954年の映画「麗しのサブリナ」や、1961年の「ティファニーで朝食を」は聞いた事のある人も多いのではないでしょうか。今では一般的にクロップドパンツと言われる半端丈のパンツは以前は**サブリナパンツともいわれ、ヘプバーンが着用した事で流行しました。**

ジバンシィは1995年のオートクチュールコレクションを最後に引退し、後任はジョン・ガリアーノが担当しました。ガリアーノといえば現在、メゾンマルジェラのクリエイティブディレクター[※7]をしている人です。

その後何人かの後任を経て、ジバンシィのクリエイティブディレクターにはマシュー・M・ウィリアムズという人物が

サブリナパンツを穿く
オードリー・ヘプバーン

就任しました（現在は退任）。

マシューの手掛けるジバンシィは、マシュー自身が得意とするストリート的な側面が強くでた内容となっており、「ジバンシィらしくない」と批判を浴びることも多かったように思います。比較するのも良くないかもしれませんが、バレンシアガとは逆の結果となってしまったんですね。「クチュールの伝統を捨てるな！」と批判をされてしまったわけです。[※8]

改めて、歴史あるブランドに変革をもたらす上でのバランス感覚は、とても繊細なものなのだと思い知らされます。

BALMAIN（バルマン）

デザイナーはピエール・バルマン、設立は1945年のブランドです。

ジバンシィ、バルマン、ディオールは共にルシアン・ルロンというデザイナーの下で働いており、元々顔なじみでした。特にバルマンとディオールは親交が深かったよ

※8 その後ジバンシィは顔となるディレクターを立てず、暫定的にブランドのデザインチームがクリエイションを手がけることとなりました。こういうパターンもたまに見かけますね。

うです。

そういった関係性もあり、バルマンはバレンシアガやディオールと肩を並べ、**当時の「三大デザイナー」のひとり**に数えられていました。

バルマンは元々建築を学んでおり、「私はしばしば建築家のように考え、建築家のように反応してしまう。建築家とクチュリエには共通点が沢山あるのだ」という言葉も残っています。

建築の知識を活かし、服のパーツごとに比率を図って製作していたとかなんとか。

2011年には、25歳という若さでオリヴィエ・ルスタンという人物がバルマンのアーティスティックディレクターに就任したことでも話題になりました。

また現代においてバ**ルマンは「バイカーパンツ」のイメージも強い**ですね。名前の通り、元々はバイク乗り向けに作られたパンツで、バルマンはそれをモードの文

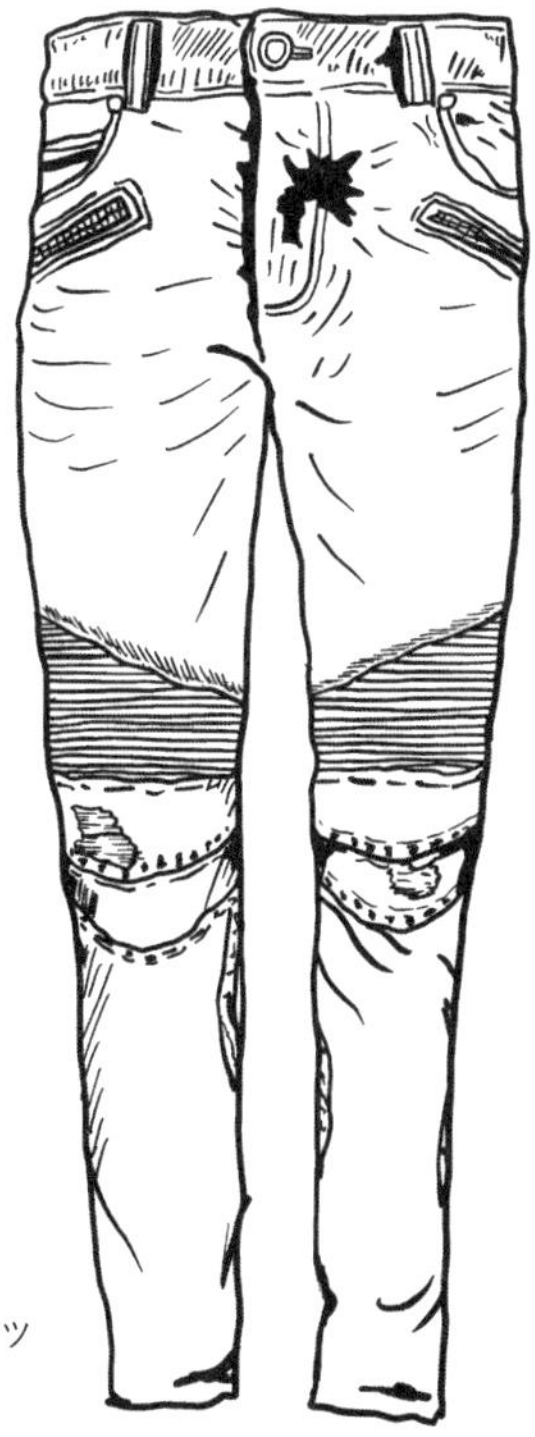

バルマンの
名作バイカーパンツ

脈に落とし込んだのです。めちゃくちゃ売れてましたし、あれは名作だったと思います。

ディオール ニュールックの台頭

さて、「テアトル・ドゥ・ラ・モード」に話を戻しましょう。

長い戦争、そしてナチスドイツによる占領によって勢いを失っていたパリ・モードは、こうしたイベントの力もあり、少しずつその影響力を取り戻していきました。

しかし実は、この時は**まだ本当の意味での「新しいモード」は生まれていません。**

当時のフランスではまだ衣料品の制限が続いており、女性たちの着る服は戦時中と変わらず「華やかさ」とは程遠いものだったのです。

クリスチャン・ディオール
(1905-1957)

そのような環境の中、突如現れたデザイナー／ブランドが、**「クリスチャン・ディオール」**でした。

家庭環境や自身の病気、そして戦争……。様々な苦労を経験したディオールは、1942年より、ジバンシィやバルマンも在籍したルシアン・ルロンというデザイナーの下で働きはじめました。これは先述の通りですね。特にバルマンとは仲が良かったようで、彼が自身のブランドを立ち上げようと思った大きな理由のひとつには、バルマンの存在があったと言います。

そして1946年、ディオールは当時「繊維王」とも呼ばれていたマルセル・ブサック[※9]という資産家からの支援を受け、自身の会社を設立するに至ります。

翌年の1947年2月12日。

この日は、ディオールが最初のコレクションを発表した日です。

ディオールが発表したコレクションのテーマは、「8ライン」「コロールライン（花冠）」と呼ばれ、細く絞ったウエスト、それに対して大きく布地をとったスカートが特徴的でした。**後に「ニュールック」と評されることになる、伝説のコレクション**

※9 マルセル・ブサックは、第一次世界大戦時に軍服の生産を引き受ける事で富を築き上げた資本家でした。また彼は競走馬の生産や馬主としても有名で、競馬の世界には彼の名前から取った「マルセル・ブサック賞」なんてものがあるそうです。

です。

ディオールが提案したモードの中で最も新しかった点は**「スカートの長さを一気に長くしたこと」**にあると言われています。

1920年頃のスカートは、まだミモレ丈（ふくらはぎの中間ぐらいまでが隠れる丈のこと）ほどありました。スカートの長さはそこから流行に合わせて上下するのですが、戦争が始まった1939年頃には膝丈になり、以降ずっとその長さが続いていました。

この流れにはトレンド的な側面はもちろん、当時の情勢も大きく絡んできます。膝丈の短いスカートは動きやすいですし、何より**生地不足に陥りがちな戦中・戦後においても比較的簡単に製造できる**とあって、世の中の主流となっていたのです。

そんな中登場したのが、ディオールのニュールック[※10]でした。

沢山の生地を贅沢に使用した彼の服は、**「贅沢」という言葉が消えてしまっていた戦後のフランス、特に女性たちにとって、とても魅力的なものに映りました。**

アメリカン・ルックの生みの親であるクレア・マッカーデルも、著書『わたしの服

※10 ニュールックという言葉は、当時「ハーパースバザー」という雑誌の編集長を務めていたカーメル・スノーという人物が言い出したものです。勘違いされがちですが、ディオール本人が発明した言葉ではありません。

の見つけかた：クレア・マッカーデルのファッション哲学』（アダチプレス、2018年）の中でニュールックについて、

〃一九四〇年代の「ニュールック」の流行のときは、ロング丈でないスカートを穿いていたら完全に時代遅れと思われ、ショート丈のドレスなんかで現れたらよほど変わり者か、オザーク高原からやってきた田舎のいとこだと思われたものです。手持ちの短いスカートを長くすることはできないのですから、あれはどうにもならない例外の年でした〃

と語っています。

センセーショナルなニュールックは評価を受ける一方で、厳しい批判にもさらさ

クリスチャン・ディオールによる
「ニュールック」

れました。

当時のフランスは、まだまだ戦後の貧困に苦しんでいる状態です。「子どもに満足に食事を与えられないほど苦しい状況で、お金持ちは無駄に生地を使った高価なドレスを着ている。こんなの不公平だ！」

市民たちからは、このような声が上がったと言います。

しかし結果的に、そういった市民の声がニュールックの勢いを止めることはありませんでした。**モードの発信地としての威光を失いかけていたパリはディオールによって再び息を吹き返し、ニュールックは新たなモードの指針となったのです。**

約11年にわたり、モードの最前線で活躍し続けたディオールでしたが、1957年10月24日、心臓麻痺により突然この世を去ってしまいます。

享年52歳。彼が一躍時の人となったのが41歳の時で、まさに遅咲きの人物でしたが、あまりにも早く、唐突な死でした。※11

クリスチャン・ディオールの後継者として任命されたのが、彼の愛弟子であったイヴ・サンローランという人物でした。皆さんも一度は聞いた事のある名前ですよね。

サンローランについては次章で詳しくご紹介しますので、お楽しみに。

※11 ディオールは、「ジグザグライン」「パーティカルライン」「オーバルライン」「チューリップライン」「A・Yライン」……など、生涯の中で約30程のスタイルを提案しました。そのスタイルには決まって「ライン」という名前が付いているのも特徴です。全て覚える必要なんてないと思いますが、こういった傾向があるんだなくらいに思って頂ければ幸いです。

帰ってきたココ・シャネル

戦後、クリスチャン・ディオールが巻き起こした「ニュールック」というビッグトレンド。この新たな潮流を見てひとり、憤慨するデザイナーがいました。

それが**ガブリエル・シャネル、通称ココ・シャネル**です。

シャネルはファッションデザイナーの中で、最も有名な人物と言っても過言ではありません。

貧困や家庭環境など、幼い頃から苦労をしていたシャネルですが、実は彼女の幼少期については分かっていないことも多いと言います。それは、シャネル自身がその悲惨な過去を隠そうとしていたからです。

そんなシャネルの残した言葉に、次のようなものがあります。

〝私がどんなふうに感じているか、わざわざ説明しなくて結構よ。こんな思いは、とても小さなころから知ってたわ。私は全てをはぎとられて死んだのよ……。こんなこ

とは十二のときに経験ずみ。人間はね、一生のうちで何度でも死ぬものなのよ〟
『ココ・シャネルの言葉』（大和書房、２０１７年）

悲惨な過去[※12]を乗り越え大人になったシャネルは、金銭的な支援を受け、ファッションデザイナーとしての階段を駆け上がることとなります。

第一次世界大戦が終わる頃には、彼女は立派な成功者のひとりとなっていました。

シャネルは**ポール・ポワレが作り出したコルセットの解放の流れを、より浸透、加速させた**存在でもあります。より着やすく、シンプルな服を世の女性に向けて打ち出したのです。

そんなシャネルが生み出したものは沢山ありますが、戦前に限れば「リトル・ブラック・ドレス」、そして香水「シャネル NO.5」は特に有名でしょう。

リトル・ブラック・ドレスが誕生したのは１９２６年のこと。

今でこそ黒い服は日常着として当たり前に着られていますが、そもそもブラックドレスの起源は、喪服です。シャネルはそんな**ブラックドレスを敢えてモードの場で打ち出し、世間に衝撃を与えました。**[※13]

※12 シャネルは、父アルベール、母ジャンヌの間に第二子として誕生しました。アルベールはいわゆる女たらしで、あまり褒められた父親ではなかったそう。母ジャンヌが亡くなると、アルベールはシャネルを孤児院へ預けることを決意しました。この時シャネルは12歳。自ら子を育てるという発想はなかったようです。

香水「シャネルNO.5」は、現代でも広く親しまれていますね。なんだか無機質な名前をしていますが、これは用意された試作ボトルのうち5番目が採用されたことから付けられた名前だと言われています。シャネルが初めて販売したこの香水は、世界で一番売れた香水なんだそうです。

「ベッドでは何を着ている？」と聞かれたマリリン・モンローが「シャネルの5番だけよ」と答えたのは、有名なエピソードですね。

第二次世界大戦時、ナチス将校と恋愛関係にあったことで一時はスパイ活動も行っていたシャネルでしたが、彼女はその事実が明るみに出ると、スイスで隠遁生活を送るようになります。ファッションの表舞台から、一度姿を消したのです。

しかし終戦後の１９５４年、実に15年間の沈黙を破り、彼女は71歳という年齢でファッションデザイナーとして復活します。

理由はずばり、クリスチャン・ディオールが提案するファッションが気に入らなかったから。せっかくコルセットをなくし、着やすい服を定着させたのに、そんな**自分の功績を無かったことにするかのように、再び女性を縛る服が世間に溢れている**――この事実が、シャネルにとっては許せなかったのです。

※13 ジバンシィもまた、敢えて黒いドレスを手掛けたことで知られています。映画「ティファニーで朝食を」では、彼がデザインしたブラックドレスをオードリー・ヘプバーンが着用しています。

しかしこの時、フランス・パリはディオールの味方をしました。

一流デザイナーとして名を馳せるディオールに対し、シャネルはすでに過去の人という扱いだったのです。

彼女が作るスタイルは昔と変わらず古めかしいもの。ましてや、ドイツのスパイをやっていた裏切り者――シャネルは、フランス人から総すかんを食らってしまいます。

ところがその一方で、シャネルの作る服を評価した国があります。アメリカです。

アメリカの雑誌「ＬＩＦＥ」は当時、彼女をこのように評しています。

「ガブリエル・シャネルはあらゆる方面で影響を及ぼしている。彼女は71歳にしてモード以上のものをもたらした。それはもはや革命である」

ココ・シャネルの代表作
「シャネルスーツ」

シャネルの代表作のひとつに**「シャネルスーツ」**というアイテムがあるのですが、これは1956年、ココ・シャネルが73歳の時に発表したアイテムでした。ココ・シャネルのブランドは、こうして見事に復活を遂げたのです。

ここまで見てきた通り、いくら巨匠と呼ばれるデザイナーが手掛けるブランドでも、トレンドという大きな潮流に打ち勝つことは決して簡単ではありません。その点、このシャネルの復活劇は、とんでもなくすごいことだと思っています。

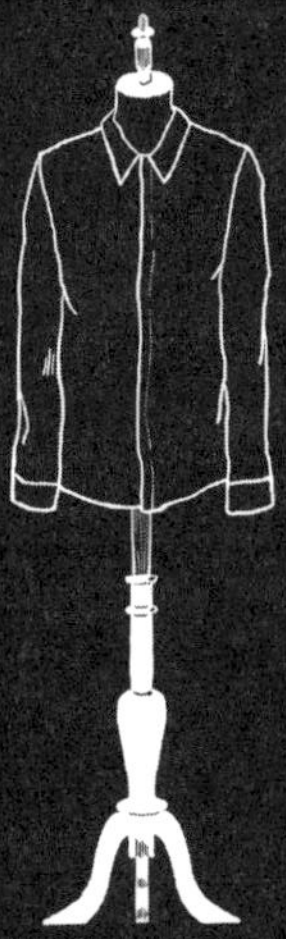

1960年代
ストリートから生まれた文化

イヴ・サンローラン

1960年代は、激動の時代でした。

日本は高度経済成長期を迎え、急速に経済が発展していきます。1964年には東京オリンピックが開催され、また1968年には、日本はGNP（国民総生産）で資本主義国の中で第2位に躍り出ます。

世界的にはケネディ大統領の暗殺事件や、核戦争の手前までいったキューバ危機など、世の中を震撼させる出来事も数多く起こりました。

では、ファッションの世界はどうだったのでしょうか？

60年代を代表するデザイナーは誰かと聞かれたら、まず間違いなくイヴ・サンローランの名前は挙がります。ご存知「サンローラン」の創業者です。

クリスチャン・ディオールの死後、彼はブランドの後継者に大抜擢されます。このとき、サンローランはまだ21歳。僕たちの感覚で言うと、大学3年生の年です。

※14「メゾン」とは、ファッション業界においては「会社」「店」といった意味で使われる言葉です。歴史あるフランスのブランドを特に「メゾン」と呼びがちですね。

※15 毛皮部門の受賞者は、若き日のカール・ラガーフェルドだったそう。彼はのちに「モードの帝王」と呼ばれるドイツのデザイナーです。

想像してみてください。ディオールはこのとき、既にフランスを代表するビッグメゾン[※14]です。当時において、世界で一番有名なブランドと言っても過言ではありません。そんな超一流ブランドのディレクションを、20歳そこそこの青年が担当する……ことのヤバさが伝わると思います。

1936年、イヴ・サンローランはフランス領アルジェリアの港町・オランという所に生を受けます。彼が育ったのは、比較的裕福な家庭でした。17歳の時にフランス・パリへ移住。母の後押しもあり、ファッションのデザイン学校へ通い始めます。

サンローランは、**当時からすでに非凡な才能を見せていた**そうです。IWS（国際羊毛事務局）が主催したコンクールで発表したカクテルドレスは、ドレス部門の最優秀賞を受賞します。[※15]ちなみにこのカクテルドレスの縫製は、あのジバンシィが担当していたのだとか。

イヴ・サンローラン
(1936-2008)

この受賞が転機となり、彼は1954年にクリスチャンディオールへ入社します。

しかし1957年、前述の通りディオールは心臓麻痺により死去してしまいます。そして翌年の1958年、イヴ・サンローランはディオールの後任として主任デザイナーへ就任するのです。

同年、イヴ・サンローランによるディオールの、初のコレクションが開催されました。

そこで発表したのが**「トラペーズ（台形）ライン」**と呼ばれるデザインです。

このコレクションは、大成功を収めました。翌日の新聞には、「イヴ・サンローランはフランスを救った。偉大なるディオールの伝統は続きます」と書かれ、誰もがサンローラン率いるディオールを歓迎したのです。

しかし、彼の栄光も長くは続きませんでした。

サンローランが発表した
トラペーズライン

その原因となったのが、当時ディオールのオーナーを務めていたマルセル・ブサックの存在です。彼はサンローランのことを、あまり良く思っていなかったんですね。ブサックは、ディオールの後任にマルク・ボアンという別のデザイナーを就任させたいと考えていました。

サンローランは、そんなブサックの画策により徴兵されることになってしまいます。軍隊内でいじめを受けた彼は精神を壊し、精神病院に収容されてしまいました。

もちろん、そんな状態で仕事を続けることはできません。**サンローランはディオールを解雇され、ブサックの計画通りマルク・ボアンがその後を継ぐことになりました。**

ディオールを去ったサンローランは恋人であるピエール・ベルジェ、実業家であるマック・ロビンソンと共に独立をし、1961年にブランド「イヴ・サンローラン」を設立しました。

彼が作る服は「ニュー・モード」と呼ばれ、評判も上々。YSLを組み合わせたあの有名なロゴ（カサンドラロゴ）も、この時期に誕生したものです。

サンローランの代表作は色々ありますが、1965年に登場した**「モンドリアン・**

ルック」もそのひとつです。モンドリアンとは、ピエト・モンドリアンという画家が描いた抽象画のことを指します。この作品は、絵画を服飾のデザインとして取り入れた元祖的な存在なのです。

他にも女性向けに作られたパンタロン、スモーキングジャケット、サファリルックなど、彼の作品がモード界に与えた衝撃はとても大きなものでした。[※16] かのココ・シャネルは「イヴ・サンローランこそが私の後継者」とまで言っていたそうです。

そして1966年、サンローランは「イヴサンローラン リブ・ゴーシュ」というブティックをパリ6区・セーヌ川左岸にオープンします。

このブティックは、お金持ちにしか手の出せなかったオートクチュール主体のファッション業界を変えた**「プレタポルテ」という仕組み・潮流の象徴的な存在**と

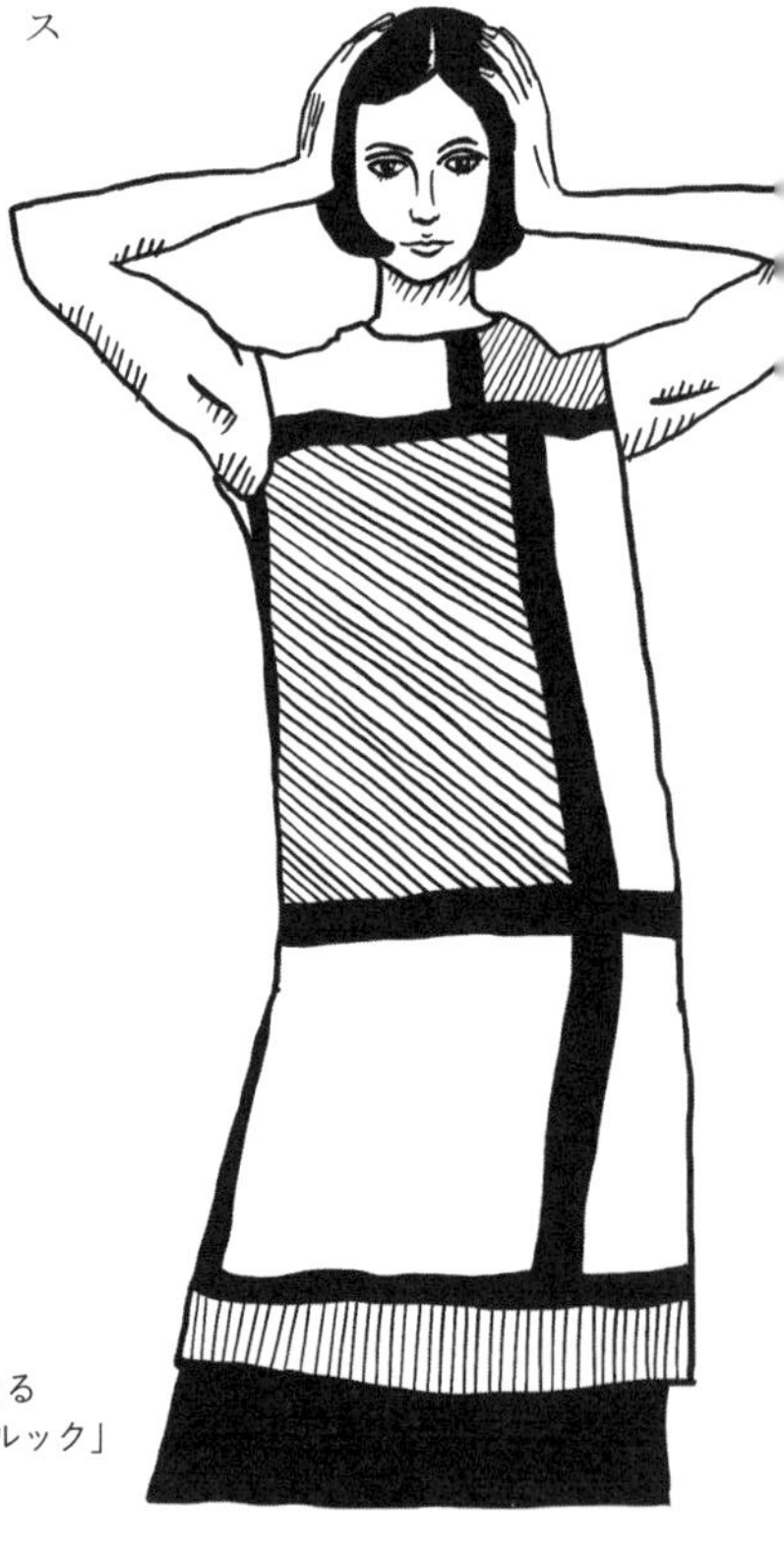

サンローランによる
「モンドリアン・ルック」

なっていくのですが、その話については1970年代の章で詳しく解説したいと思います。

60年代のストリートカルチャー

60年代はいわゆるストリートカルチャー、反政府的な思想をもったカウンターカルチャーが大きく台頭した時代でした。**モードが「業界が主導する最先端の流行」であるのに対して、ストリートは「街で自然的に発生した流行」**という風にとらえて頂ければ良いかと思います。

ここまで書いてきた通り、ファッションとは元々お金持ちがドレスアップするためのものでした。流行を追うということは、それだけの富を持っていることの裏返しであり、ステータスだったのです。

それに対しストリートファッションというのは、労働者階級あるいは、貧困層の間で広がった文化。時に政治への不満、主義・主張をたぶんに含み、言ってしまえば貧

※16 当時女性が男性的な服を着るというのは、かなり衝撃的なことでした。

困層の叫びとも言えるものでした。

ストリートは、モードの対義語。そう捉えても良いかもしれません。

ストリートから世界への影響

世界に影響を与えるようなストリートカルチャーの発信地となったのは、主にイギリスとアメリカの2カ国に絞られます。

ストリートカルチャーの原点とされるカルチャーは2つあり、ひとつはドイツ生まれの「スウィングキッズ」、もうひとつは同時期にアメリカで発生した「ズーティーズ」です。これらが時代を経て進化を続け、現在一般に言われるような「ストリートカルチャー」に繋がっているのです。※17

ファッションを語る上で避けては通れない超重要なものを、時系列順にいくつか見

※17 もちろん、イギリスやアメリカ以外の国から生まれたムーブメントも存在します。例えば1930年代、ナチス政権下にあったドイツで生まれた音楽「スウィングジャズ」を愛好していた「スウィングキッズ」、第二次世界大戦中にフランスの若者の間で流行した「ザズー」、日本で言えば「裏原ブーム」や「ギャル文化」なども該当しますね。

ていきましょう。

《テディ・ボーイズ》

テディ・ボーイズ、略してテッズは１９４０年後半にイギリスで誕生し、１９５０年代に一世を風靡したストリートカルチャーです。**世界で初めて、大きなムーブメントになったカルチャー**だと言われています。そのためストリートカルチャーの歴史について話す際は、まずはテッズから入る人も多いです。

彼らの特徴は、イギリスが最も英華を極めた時代（１９００年代初頭）をルーツとしたスーツスタイル。細見のジーンズや、ジョージ・コックスというブランドのラバーソールの靴を好んで身に付けていました。

テッズはファッションの歴史に、ある重要な変化をもたらしました。テッズは労働者階級が中心となったスタイルであるにも関わらず、**同時に上流階級の注目も集め、真似され始めた**のです。

テディ・ボーイズが盛り上がったのは１９５０年代とされていますが、１９５８年頃にはその勢いに明確な衰えが見えはじめます。カルチャーの中心にいた若者たちが年を取り、徐々に他のスタイルへと派生していったのです。

《ロッカーズ》

ロッカーズは50年代後半から60年代にかけて流行したストリートカルチャー。アメリカで流行したバイク乗りたちのカルチャーをルーツに持つ、言わば**「イギリス版のバイカーズ」**という雰囲気のスタイルが特徴です。

元々はマーロン・ブランドが主演を務めたアメリカの映画『乱暴者《あばれもの》』が流行のきっかけになっているのですが、当時のイギリスでは反社会的すぎるという理由で、1968年まで公開が認められていなかったそう。そのため当時のロッカーズたちは、アメリカのバイカーズたちの断片的な情報をかき集め、なんとかスタイルを真似ていたと言われます。

アイテムで言うと、レザーのライダースジャケットが有名ですね。アメリカのレザーブランド「Schott（ショット）」が理想とされていましたが、「Lewis Leathers（ルイスレザー）」をはじめとしたイギリス製の革ジャンも愛用されていました。

《モッズ》

そんなロッカーズの対抗として同時期に誕生したのが、「モッズ」です。※18 元々は「モ

※18　1964年5月、イングランド南東部の海岸リゾート都市・ブライトンで、モッズvsロッカーズの暴動が起きます。のちに「ブライトンの暴動」と呼ばれる、有名な事件です。結果はモッズの勝利に終わりました。その後ロッカーズが瞬く間に廃れたのに対し、勝者であるモッズは一気に流行の頂点へ君臨することとなりました。

ダーンズ」を短縮した造語で、時代の最先端を行く人たちを指す言葉でした。
彼らを一般に広く認知させたのは、1964年に登場したイギリスのロックバンド「ザ・フー」の存在。このバンドが、モッズを一大ムーブメントへと押し上げました。

モッズといえば、**「モッズコート」**って聞いたことないですか？

あのコートの正式名称は「PARKA SHELL M-1951」、略してM-51といい、50年代から60年代後半にかけてアメリカ陸軍に採用された軍服でした。モッズコートという呼び名は、このモッズからきています。

モッズは当時のストリートカルチャーには珍しく、主に中流階級の白人がメインとなったムーブメントでした。ある程度のお金もあり、言ってみれば社会への不安が少ない層だったのです。

カスタムされたスクーターにまたがるモッズ

そのためモッズに傾倒した若者たちは、単純に自身を愛し、自分を表現するために服を着ました。ロッカーズなどの「不良」たちとは違い、そこに「アンチ○○」のような主張はあまり無かったんですね。**そういった意味では、現代の服好きと割と近い感覚なのかもしれません。**

《ヒッピー》

アメリカのストリートカルチャーについてもご紹介しましょう。

ヒッピーは60年代後半から70年代にかけて流行したカルチャー。ケネディ大統領の暗殺事件やベトナム戦争への介入など、政府への疑念や危機感が高まっていた当時のアメリカで発生した、反社会的なムーブメントでした。いわゆる、**カウンターカルチャー**と呼ばれるものですね。[※19]

ヒッピーは、「社会」からの離脱を目指しました。

大事なのは物質的な豊かさではなく、ラブアンドピース。お金はほとんど持たずドラッグに耽り、原始的な共同生活を追い求めたのです。

60年代後半からアメリカで流行したヒッピーカルチャー

長いひげや長髪にヘッドバンド、胸にはピースマークのネックレス、裾にフリンジの入ったジーンズやサンダル……なんてのが、ヒッピーの定番スタイルでした。皆さんの中にも、なんとなくイメージがあるんじゃないでしょうか。

ヒッピーはなぜ廃れたのか、その要因は色々あるのですが結局のところ、70年代に訪れた不況の影響が大きかったと言われています。

物質的に豊かな社会を離脱し、敢えて原始的な生活を送る。そんなヒッピーの思想は考えてみれば、豊かな時代だったからこそ生まれたものだったのかもしれませんね。

これらのストリートファッションは社会現象となり、一部ではモードの世界に影響を与えるほどの存在になりました。

スウィンギング・ロンドン

イギリスで発生した「**スウィンギング・ロンドン**」についても触れておきましょう。

※1969年8月15日、世界的に有名なヒッピーの音楽イベント「ウッドストック・フェスティバル」が開催されました。動員数は45万人。ヒッピー・ムーブメントのピークですね。モッズと同じく、ヒッピーもまた、世界中へさまざまな影響を与えました。日本で言うなら、「フーテン族」なんかはまさに日本版のヒッピーにあたります。

このカルチャーはモッズから派生したもので、ファッションだけでなく音楽や映画、建築などに至るまで、幅広く広がっていきました。

　聖地となっていたのは、ロンドンの「カーナビー・ストリート」。サイケデリックなファッションに身を包んだ若者たちが、大勢詰めかけていたそうです。

　このスウィンギング・ロンドンという文化において、押さえておきたい人物が３人います。

　ひとりは、**マリークヮント**というデザイナー。後に大流行することになる「**ミニスカート」を発売した第一人者**です。ブランドは今も続いており、有名な黒い花模様を見たことがある人も多いのではないでしょうか。

　次に**ツイッギー**。彼女は60年代から70年代にかけて活躍したイギリスの俳優です。「ミニの女王」とも呼ばれるツイッギーは、**世界中で巻き起こったミニスカートブーム、ショートカットブームの火付け役となった人物**です。１９６７年には来日しており、日本でも大人気を博しました。

3人目は**ヴィダル・サスーン**というヘアドレッサー。今の言葉で言うなら、美容師です。彼は女性のヘアスタイルに革命を起こした人物として知られ、**「サスーン・カット」と呼ばれるスタイルは一世を風靡しました。**ツィッギーのヘアスタイルも担当していたことでも知られています。日本人だったらもしかすると、シャンプーやヘアアイロンの方が先に思い浮かぶかもしれませんね。

スウィンギング・ロンドンを発端に生まれたミニスカートのブームは、**ストリートだけでなく、モードの世界にも影響を与えました。**

フランスのデザイナー、アンドレ・クレージュは65年に「ミニ・ルック」と呼ばれるミニスカートを発表します。これはとても革命的な出来事でした。というのもその当時、モードの世界において膝頭とは「最も醜い、隠すべきもの」という扱

日本にミニスカートブームを巻き起こしたツィッギー

いだったからです。膝頭を開放したアンドレ・クレージュのデザインは好評を得て、爆発的なブームとなりました。

日本におけるアイビーファッション

ここで少し余談として、**日本における「アイビーファッション」**についても触れておきましょう。いわゆる「ストリート」という文脈からはやや外れているのですが、実は60年代当時、アイビーは日本人のファッション観に大きな影響を与えた重要なカルチャーなのです。

アイビーとは、1950年代にアメリカ東海岸で流行した、**エリート学生たちの着こなしを元としたファッションスタイル**です。アメリカには「アイビー・リーグ」といわれる8つの名門大学があり、そこから取って「アイビー」と呼ばれるようになったんですね。※20

※20「アイビー・リーグ」と呼ばれる大学は、ブラウン大学、コロンビア大学、コーネル大学、ダートマス大学、ハーバード大学、ペンシルベニア大学、プリンストン大学、イェール大学の8つです。

金ボタンが付いた紺色のブレザーにオックス生地のボタンダウンシャツ、コットンのチノパン、足元はペニーローファー……これが、彼らのオーソドックスなスタイルでした。

ブランドで言うと、ブルックス・ブラザーズやJプレス、なんかが代表的です。ブルックス・ブラザーズは1818年にアメリカで創業したブランドで、アメリカンにおけるクラシカルなスタイルの礎を築いてきた歴史のあるブランド。日本におけるアイビーファッションのお手本ともなりました。諸説ありますが、ボタンダウンシャツを初めて作ったブランドだとも言われています。

一方のJプレスは1902年に誕生したアメリカのブランドで、こちらもブルックス・ブラザーズ同様、アイビー・リーグの人たちに愛されたブランドでした。

僕は「日本におけるアイビーファッション」という、ちょっと変わった言い回しをしました。というのも日本

典型的なアイビールック

のアイビーファッションは、発祥であるアメリカと比べ、割と独自的なものだったのです。

現代の感覚からすると信じられないかもしれませんが、**60年代の日本には特に男性が「ファッションを楽しむ」という文化はほとんどありませんでした。**

「オシャレなんて女がするものだ！」

「男が服についてあれこれ考えるなんて、女々しい！」

みたいな価値観が、まだあったんですね。

もちろん服に気を遣う人もゼロではありませんでしたが、そういう人たちはある種の「不良」扱いをされていました。※21

そんな日本のファッション観を大きく更新したのが、日本に輸入されたアイビーファッションでした。**アイビーをお手本**（＝ひとつの正解）**とすることで、オシャレというものにある種の「ルール」を与えた**のです。

日本にアイビーを紹介したのは石津謙介というデザイナー、そして彼が１９５１年に創業した「ＶＡＮ」というブランドでした。

※21 日本でアイビーが流行した60年代は、アイビールックをもとにした「みゆき族」や、バイクを乗り回す「カミナリ族」などなど、「族」と付くさまざまなカルチャーが誕生した時代でもありました。

VANはアイビーをはじめとするアメリカのカルチャーをいち早く取り入れ、日本に浸透させました。「スウィングトップ」や「トレーナー」といったファッションの和製英語を広めたのもこのブランドと言われています。※22

石津氏はアイビーに関して、このような言葉を残しています。

〝薬を買うと説明書がついてきます。薬には正しい飲み方というものがあり、用い方によっては逆効果をまねくかもしれないからです。おしゃれにもそれと同じように、無視してはいけないルールがあるのです。そして、このルール、つまり、あなたを本格派にするための正しい服装常識を身に着けるには、アイビーから入ってゆくのが一番の早道なのです〟

『AMETORA 日本がアメリカンスタイルを救った物語』(DU BOOKS、2017年)

※22 アイビーとよく似たスタイルに、プレッピーというものがあります。これは1980年代頃に流行した、同じくアメリカのエリートの学生たちのファッションを模した服装の事です。プレッピーはアイビーよりカジュアルでラフな格好である、と区分されることが多いですが、現在においては明確な差はないようにも思います。

1970年代

ファッションは僕らのものに！

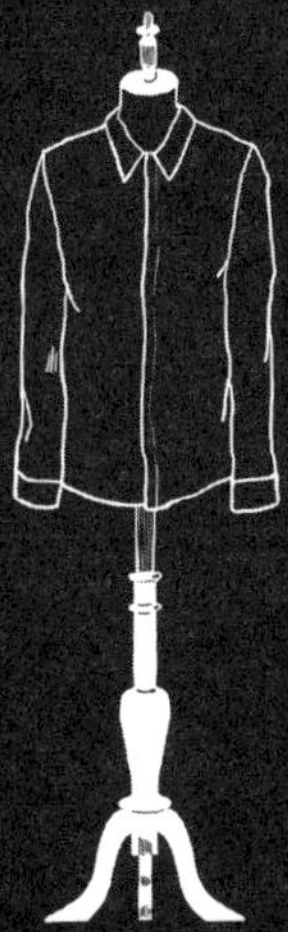

ついにファッションが大衆のものに

1970年代はひと言で言うなら、**ファッションが大衆へと広がった時代**です。

ここまでも何度か書いてきた通り、そもそもファッションというのは上流階級、つまりある程度のお金や権力を持っている人が楽しむためのものでした。そこからオートクチュールが普及し、少しだけ裾野が広がったのは先述した通りですね。しかしそれでも、ファッションはまだ一部の限られた人が楽しむものだったと言えます。

そして迎えた70年代。

ファッションが大衆化していく動きは、ここで大きくその力を増します。きっかけとなったのは、**「プレタポルテ」という仕組みが浸透した**ことでした。

プレタポルテの普及

プレタポルテとは、「プレ＝用意できている」と「ア・ポルテ＝着る」を組み合わせた造語で、**すぐに着られる服、つまり「既製服」を指す言葉**です。オーダーメイドの仕立て服ではなく、既に出来上がった服、というわけですね。

もっと言えば、**特に高級な服やファッション性の高い服を指して使われる言葉**でもあります。「ブランド品」と言い換えてもいいかもしれません。ざっくり言えばセレクトショップなどに並んでいるブランドものの服は、全てプレタポルテ＝高級既製服です。※23

70年代は、そんなプレタポルテという仕組みが一気に広まった時代でした。**オートクチュールからプレタポルテへ移行していった背景には、ハイブランドを購入する層の変化がありました。**

それまでは上流階級の一部だけで楽しまれていた高級服でしたが、ビジネスで成功した実業家や、ハイクラスのビジネスマンなど、**一般階級でありながら社会的に成功した人たちも、ブランド物を買うようになっていった**んですね。

こうした流れがあり、徐々にオートクチュールの顧客、需要が減少していったのです。

※23 現在でもオートクチュールは存在しますが、一般人の私たちにはまず縁のないものになっています。一般にコレクションを見るとなると、プレタポルテコレクションのことを指しますね。

さてここで、そんなプレタポルテの第一人者として、ある人物をご紹介しなければなりません。**ピエール・カルダン**というデザイナーです。

ピエール・カルダン

ピエール・カルダンは1922年生まれ、フランスのファッションデザイナーです。60年代から70年代にかけて特に活躍した人物で、元々はオートクチュールのデザイナーでした。

彼がファッション業界にもたらした革新は2つあります。

ひとつは先ほど申し上げた通り、**いち早くプレタポルテを手掛けた**という点です。彼が初めてプレタポルテのコレクションを発表したのは1959年と、実はかなり早い段階のことでした。

少しあとの1966年には、サンローランがプレタポルテの象徴とも言える「イヴサンローラン リブ・ゴーシュ」というブティックをパリ6区・セーヌ川左岸にオープン。プレタポルテはそこから70年代にかけて、一般に浸透していくという流れを辿ります。

プレタポルテの流れを牽引したブランドとしてよく「サンローラン」や「ケンゾー」の名前が挙がりますが、カルダンはそれらのブランドよりも早く目を付けていたのです。

彼が発表した有名なルックに、宇宙的なデザインを施した**「コスモコール・ルック」**（1966年）があります。

当時はロシアとアメリカの宇宙開発の競争が繰り広げられ、ガガーリンが人類初の有人宇宙飛行に成功するなど、宇宙への関心が深かった時代。美しい未来を想像させる服とは、決まって美しいものです。

そしてカルダンの功績のもうひとつが、**ライセンスビ**

コスモコール・ルック

ジネスの先駆け的存在であるという点です。

日本においてピエール・カルダンはコップやタオルといった日用品も扱うブランドというイメージが強いかもしれませんが、これはブランドが作っているのではなく、ライセンスを取得した別会社（ライセンシー）が製造したものです。要は**名前を貸しているん**ですね。これが、ライセンスビジネスです。

ライセンスブランドには、**ブランドの認知度の向上や収益の安定化などのメリットがある一方、ブランドイメージのコントロールが難しくなってしまうというデメリットもあります。**特にラグジュアリーブランドのような、ブランド力の高さを最大の付加価値とする業種では、これは重大な欠点でもあります。

事実ピエール・カルダンは、ライセンスにより多額の利益を稼ぐ事が出来ましたが、ラグジュアリーブランドとしての力は正直言って落ちてしまうことになりました。もちろんそれはある程度、カルダンも覚悟していたことでしょう。

彼は自らの著書に、このような言葉を残しています。

〝私がブランド・アイテムをあらゆるジャンルに分散させたのは、成り行き次第でそうなったのではないのです。ちゃんとした論理的戦略がありました。

私の創造のリズムと野心は差異者は誰にでも受け入れてもらえるものではありません。ですから、いつも資金の問題を抱えていたのです。何もない私はまず自分の名前を商品化することを考えたのです。いくら質の良いものを作っても、無名では売れませんからね。例えば、有名でない銘柄のタバコを誰が買いますか。それを正攻法で売るためには、多くの営業マンを抱えて多額の資金を必要とします。でも、有名になった名前さえあれば、大きな市場に進出できるのです。有名ブランドとは国際市場の扉を開けてくれる呪文（開けゴマ）のようなものです〟

『ピエール・カルダン　ファッション・アート・グルメをビジネスにした男』（駿河台出版社、２００７年）

ジーンズがオシャレなものに

１９７０年代は、**労働のための服として誕生したジーンズが、モードの文脈で受け入れられるようになった**年でもあります。

現在、ジーンズの三大ブランドと言いますと、「リーバイス」「リー」「ラングラー」の3つが挙げられます。

その中でもジーンズの元祖と言われているブランドが、ご存知「リーバイス」です。**ジーンズの誕生の歴史とは、ほとんどリーバイスの誕生の歴史と同じと言っても過言ではありません。**

リーバイスは1853年に創業したブランド。当時は「ゴールドラッシュ」と呼ばれる、金脈を探し当てて一攫千金を狙う人々が溢れていた時代でした。

よくビジネス書なんかでは、「ゴールドラッシュでお金持ちになったのは、砂金を掘り当てた人ではなく、掘るための物を提供した人だ」なんて言われますが、リーバイスを創業したリーヴァイ・ストラウスは、まさに採掘者たちにデニム生地のワークパンツを売った人でした。

定番モデル
リーバイス501

そんなリーヴァイ・ストラウスに、とある話が持ち掛けられます。その内容は、「リベットでポケットを補強する」というアイデアの特許を、協同で申請しないかというものでした。

この申請が晴れて受理されたのは、1873年5月20日のこと。世界で初めてジーンズが誕生した瞬間です。**実はジーンズがジーンズたる所以は、ブルーのデニム生地でも特徴的なファイブポケットでもなく、ポケットを補強するリベットにある**んですね。

その後「ツーホースマーク」と呼ばれるレザーパッチや「アーキュエイトステッチ」など、それがリーバイスのジーンズである、と一目で分かるような特徴が付け足されていき、迎えた1890年。ロットナンバー「501」が誕生しました。かの有名なジーンズの元祖「501」です。

この501という名前は、初めはただの品番として扱われていたのですが、現在は商品名として使われ、商標登録もされていますね。

こうして誕生したジーンズですが、1950年代にマーロン・ブランド、そしてジェームス・ディーンといった名俳優が映画で着用したことがきっかけとなり、その

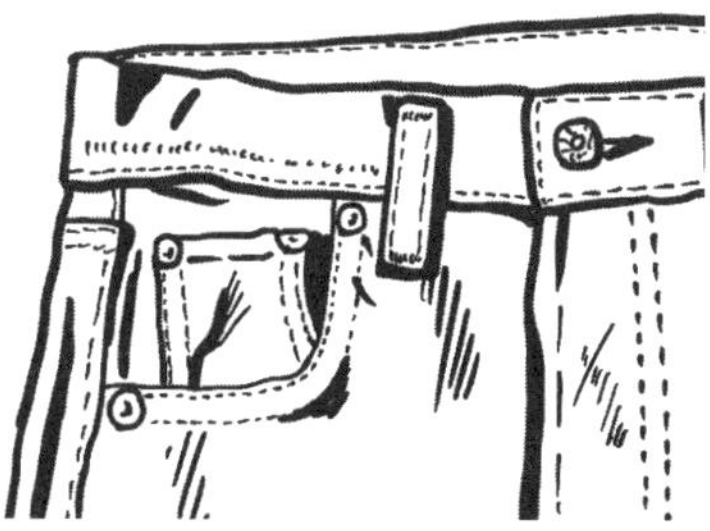

ポケットの縁に付いている
金属のパーツが
「リベット」

イメージは大きく変化します。

彼らには、共通点がありました。**社会に対して反抗的なキャラクターを演じたこと、そして当時の若者たちのヒーローになったこと**です。

労働用のパンツとして生まれたジーンズは、**映画をきっかけに若者に愛され、反体制・不良のシンボルとして日常に浸透していく**ことになりました。これは60年代に流行した、ユースカルチャーの流れとも合致しますね。

そして迎えた、1970年代。

ジーンズはモードの世界にも影響を与え、ついにファッションとして提案するデザイナーが出現します。**Calvin Klein（カルバン・クライン）**です。

「Lee」のデニムを穿く
ジェームス・ディーン

モードブランドが打ち出すジーンズ

カルバン・クラインは1942年に生まれた、アメリカ・ニューヨークのファッションデザイナーです。ヨーロッパではなくアメリカ出身の高級ブランドのデザイナーというのは、この時代では割と珍しいと思います。この本でも、クレア・マッカーデルが登場したくらいですよね。

カルバン・クラインは**洗練されたシルエットやエロティックなイメージと結びつけたマーケティングが非常に上手なデザイナー**で、正式にジーンズを手掛け始めたのは70年代後半のことでした。

1980年には当時まだ15歳だった俳優「ブルック・シールズ」を広告に起用し、「私とカルバン（のジーンズ）の間には何もない」というセクシーなCMをテレビで放送し、話題を呼びました。[※24] この広告は「児童ポルノではないか」という批判もあったそうですが、効果は絶大で、カルバンのジーン

※24 カルバン・クラインは、「ジーンズとはエロティシズムである」という言葉を残しています。

ズは初週で約20万本も売れる大ヒット商品になりました。

土臭いカッコよさを持つ元来のジーンズにカルバンの手が加わることで、**タイトで美しい、セクシーなシルエットという新たな付加価値**が与えられたのです。元来のイメージとは、全く逆の代物ですよね。これがデザイナージーンズの面白い所です。

モードの帝王であるイヴ・サンローランが、**「叶うことなら私がブルージーンズを発明したかった」**と語ったというのは、現在も語り継がれる有名な逸話です。

またモードとは少し文脈が違うのですが「プレミアムジーンズ」というのもありました。ヌーディージーンズやリプレイ、トゥルーレリジョン等が該当します。プレミアムジーンズとは、文字通り高級なデニムの事を指し、一時に起きたジーンズ

カルバンクラインのCMに
起用されたブルック・シールズ

ブームの筆頭として人気を博しました。

Ralph Lauren（ラルフ・ローレン）

アメリカのファッションについて解説したこの流れで、もうひとつ触れておきたいブランドがあります。「**ラルフ・ローレン**」です。

ラルフ・ローレンはブルックス・ブラザーズやＪプレスと同じような、いわゆるアメカジ、アメトラのブランドですが、これら２つに比べてかなり後発のブランドでした。

誕生は１９６８年、実は60年代に日本で起きたアイビーブームよりも後にできたブランドなのです。

ラルフ・ローレンは、**デザイナーというより実業家といった方がしっくりくる人物**です。実際彼は、服飾の専門的な教育は受けていませんし、布の裁断もスケッチを描くこともできません。要するに、服は作れない人でした。

『VOGUEファッション100年史』（スペースシャワーネットワーク、2009年）という本では、「ラルフ・ローレンはマーケティングの天才、魅力的なイメージ作りの名人」と評されています。

彼の魅力は、そのブランディング能力にありました。

例えば、ターゲットにする層。ラルフ・ローレンはアメリカの上流階級にターゲットを絞り込んで、ファッションをはじめとするライフスタイルを提案しました。

ラルフ・ローレンには「ポロ・ラルフ・ローレン」というライン（括り）もありますが、ポロとはそもそもお金持ちがやるスポーツです。その名前を自身のブランドにも付けることで、高級なイメージを打ち出したんですね。

またラルフ・ローレンといえば胸元についているポニーのマークが有名ですが、これもブランド立ち上げ当初から付いていたものではありません。アクセントとして後付けで考えついたものでした。

一見安易な発想にも見えなくはないですが、これは結果的に成功でした。

このロゴマークは社会での成功や富を表す、ある種のシンボルとなったのです。

「ブランド料」という言葉があるように、世の中にはブランドの名前にお金を支払う、という事を揶揄するような向きもあります。それも一つの価値観であり、否定することはしませんが、少なくともラルフ・ローレンは「高級で良いブランドだ」というブランドイメージで大きくのし上がったブランドでした。

Vivienne Westwood（ヴィヴィアン・ウエストウッド）

70年代のファッションを語る上で、ヴィヴィアン・ウエストウッドの存在も無視することはできません。土星の環と十字架を合わせたブランドのロゴは、一度は目にしたことがあるのではないでしょうか。

ヴィヴィアンは**パンクの女王と言われ、イギリスのパンクファッションの火付け役となった人物**です。パンクの誕生は諸説ありますが、大体１９７０年代中頃のアメリカだと言われています。

その後、文化が輸入される形でイギリスへと広がっていきました。

このパンクの仕掛け人となったのが、**マルコム・マクラーレン**という人物。のちにヴィヴィアンの夫となる人です。

1971年、ヴィヴィアンとマルコムはブティック「レット・イット・ロック」を設立します。ここではヴィヴィアン自作の服を販売していました。最初に作ったのはテディ・ボーイズのスーツだったそうです。

ブティックはその後1974年に「SEX」、1976年には「セディショナリーズ」、1979年には「ワールズ・エンド」へと改名します。

パンクを一躍有名にしたのは、1975年にマルコムがプロデュースした「**セックス・ピストルズ**」というロックバンドでした。シンプルな音楽性に、反体制的な歌詞、そしてアバンギャルドな服。

彼らの影響力はすさまじく、パンクムーブメントの顔といえるバンドグループになりました。1977年には、イギリス

ヴィヴィアン（右）と
マルコム（左）

のチャートで1位を獲得しています。

しかし80年代になると、パンクファッションの人気に陰りが見えはじめます。大きな引き金となったのは、ピストルズのメンバーであるシド・ヴィシャスが１９７９年に亡くなったことでした。ブランドは、ここから方向転換を始めます。

１９８１年、ヴィヴィアンは初のランウェイショーを実施します。

１９８３年にはパリ・コレクションで自身の服を発表。「ヒュプノス」という名前が付いたコレクションについてヴィヴィアンは「蛍光色が全てよ」と語っています。ちなみに、この頃には既にマルコムとは破局していたようです。

４年後の１９８７年に発表したコレクションが、ヴィヴィアンの一つの転換点といえるコレクションになります。コレクション名は**「ハリス・ツイード」**。この作品は、世界的に評価されました。

ハリス・ツイードとは、イギリス・スコットランドが発祥のウールツイードのことを指します。

ヴィヴィアンが発表したこのコレクションは、**イギリス王室への敬意を込めたパロ**

ディとも言えるもので、彼女が手掛けた名作のひとつ、若きエリザベス女王が着ていたプリンセスコートもこの辺りで登場しています。

「基本、つまりクラシックなポイントに戻る時だと感じたの」

ヴィヴィアン自身は、当時のことをこう振り返っています。

パンクの女王であり、反政府的なスタイルをしていた過去を持つ彼女が、エリザベス女王に準じる服を作り、評価を得る。この流れは、結構面白いのではないでしょうか。


一方、ヴィヴィアンが本来得意としていたアバンギャルドで、過激な服が消えたわけではありません。それは現在ヴィヴィアンが発表している服を見ても感じることでしょう。

パンクによる過激さと、イギリスらしい伝統的な要素を兼ね備えた服。それが、現在のヴィヴィアンなのです。

ヴィヴィアン・ウエストウッドのロゴ（左）と、ハリス・ツイードのタグ（右）

日本のファッション雑誌

この章の冒頭に書いた通り、70年代はファッションが大衆へと浸透した時代です。このような動きに一役買っているのは、新世代のデザイナーの活躍だけではありません。**ファッション雑誌の台頭**もまた、すごく大きな出来事でした。

日本における初のファッション雑誌は、1936年に誕生した「スタイル」という雑誌です。また同年には、文化出版局による「装苑」も刊行されています。現在も人気の高い雑誌ですね。1954年には、「メンズクラブ」が創刊されました。

そして70年代、集英社の「non-no」と平凡出版（現・マガジンハウス）の「anan」が創刊されます。どちらも、レディース向けのファッション雑誌です。

この2誌の人気は双璧となり、「アンノン族」という言葉を生みました。

また雑誌の人気以外にも、ファッションが浸透し始めたことを示す重大な出来事がありました。

「渋谷パルコ」や「ラフォーレ原宿」などのファッションビルが建ち、渋谷や表参道、原宿エリアが徐々に、ファッションの中心地として認識されるようになったのです。

特に原宿が若者の街として支持されるに至るまでに、ラフォーレ原宿が果たした役目は非常に大きなものでした。

原宿は当時、渋谷や池袋、銀座と比べ土地の価格が安かったんだそうです。

そのため「マンションメーカー」と呼ばれる、原宿にあるマンションの一室を借りて始めた小規模メーカーが散見されるようになっていきます。そしてこれらのブランドは1980年代、**「DCブランド」**という形で一世を風靡することになります。

1980年代
黒の衝撃

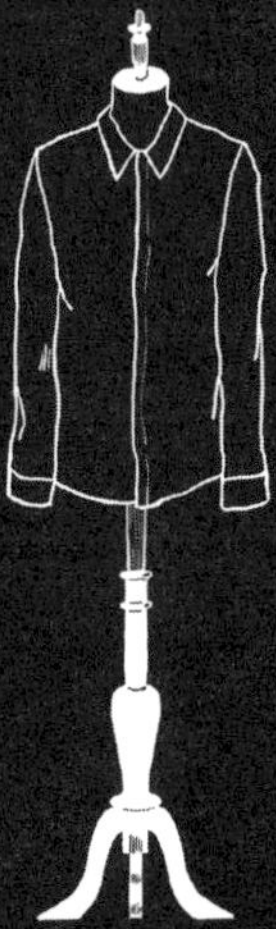

DCブランドの隆盛

1980年代の日本は、超好景気の時代です。国内では土地の値段が上がり続け、不動産の不敗神話なんてものがありました。いわゆるバブル景気ですね。

この頃の日本で流行したファッションは、一言でいうなら「ブランド物」です。多くの人が唸るほどお金を持っているわけですから、着る物も当然豪華になっていきました。羨ましい限りですよね。

中でも当時の日本で流行していたのが、「DCブランド」と呼ばれるブランド群でした。

最近ではめっきり聞かなくなった言葉ですが、DCブランドとは、**デザイナーズ&キャラクターズブランドの略語で、80年代に一世を風靡した日本のアパレルブランド群**のことを指します。

と言っても特に明確な定義があるわけではなく、当時活躍していたブランドをひとまとめにした言葉、くらいに捉えていただいて問題ありません。
代表的なものをいくつかご紹介しましょう。
まずは**BIGI**。立ち上げに携わった菊池武夫は有名なデザイナーで、現在は日本のファッション業界の大御所的な人です。DCブームの火付け役の一人である彼は、BIGIの他にも「バルビッシュ」や「ハーフムーン」といったブランドも手掛けており、1985年にはBIGIを離れ、株式会社ワールドへ移籍。ここで自身の名を冠した「TAKEO KIKUCHI」など、いくつかのブランドをスタートさせます。
TAKEO KIKUCHIもBIGIも現存するブランドなので、知っている人も多いんじゃないでしょうか。

次に松田光弘の**NICOLE（ニコル）**。
これも同じく聞いたことがある人は多いんじゃないでしょうか。創業は1967年と比較的古く、スタート時のブランド「NICOLE」を中心に「マダム・ニコル」「ムッシュニコル」「ニコルクラブ」「ニコルクラブ・フォーメン」など、老若男女幅広い層に対応するブランドの立ち上げを行いました。またニューヨークの街に、日本人としては初めてブティック「MATSUDA」をオープンした事でも知られ、１９８３年にはニューヨークコレクションに出展もしています。

最後に**「コムサ・デ・モード」をはじめとするコムサ系。**当時乱立したDCブランドの中でもコムサは決して前線を走ったブランドではなく、あくまで後追いという立場でした。手法もある意味で潔く、日本を代表するブランド「コム・デ・ギャルソン」と名前の語感を似せるなど、当時から色々と物議を醸したブランドです。※25

しかしブームが過ぎ去り、多くのDCブランドが消え去った今でも、コムサ系のブランドは生き残ってますし、なんなら一定以上の知名度はありますよね。ブランドに興味が無くても、コムサは知っているという人は多いです。

そう考えると、なんだかんだ立ち回りのうまいブランドなんだなと思います。※26

また、現在でも人気が高く、日本人デザイナーの中ではレジェンド的な立ち位置である、川久保玲のコム・デ・ギャルソン、山本耀司のヨウジヤマモト、三宅一生のイッセイミヤケについても触れておかなくてはなりません。

※25　１９８０年代の雑誌を見返してみても「コムサに就職するなんて人にいえない」といった、直球すぎる内容が書かれていたりしますね（笑）。

※26　その他、コシノジュンコのジュンココシノ、大川ひとみのミルク、コムサデモード、アトリエサブ、カンサイヤマモト、ピンクハウスなどが代表的なDCブランドとして挙げられます。コム・デ・ギャルソンやヨウジヤマモト、イッセイミヤケも、DCブランドとして区分されることもあります。

COMME des GARÇONS

川久保玲による「コム・デ・ギャルソン」は、日本発のブランドの中で最も有名と言っても過言ではありません。

「モード」という言葉を聞くと、なんとなく黒色の服を想像しませんか？ コム・デ・ギャルソンやのちに登場するヨウジヤマモトは、このイメージの発端となったブランドです。まさにレジェンドですね。

川久保玲は１９４２年10月11日、東京都で生まれました。

慶應義塾大学文学部哲学科美学美術史学専攻を卒業した後、旭化成株式会社に就職。その後フリーランスのスタイリストとなり、１９６９年に自身のブランドであるコム・デ・ギャルソンを設立します。この経歴を見て分かる通り、**川久保氏は服飾の専門学校で服作りを学んでいるわけではありません。**

１９７５年、ギャルソンは東京コレクション※27に初参加。現在ではアバンギャルドな

※27 東京コレクションが誕生したのは、１９８０年代のこと。日本でも海外コレクションのように同時期にショーを開催しよう、という動きがあったのです。その後さまざまな試行錯誤を重ね、「東京コレクション」という名称がつけられたのは１９８８年秋冬からでした。

服を数多く提案するギャルソンですが、最初期はスタンダードな服を作っていたと言われています。

そんなギャルソンが初めてパリコレへ参加したのは、1981年のことでした。この時に発表したのは**身体のラインを完全に消してしまうような服で、パリのモード界では物議を醸しました。**

そして最も有名なのは、1982年3月25日に発表された、ギャルソンにとって3回目となるコレクションです。これは後に**「黒の衝撃」**と呼ばれる伝説のコレクションとなるのですが、後ほど詳しくご説明しましょう。

黒い服のイメージが強いギャルソンですが、彼女たちが作る服はそれだけではありません。実際1990年代になり、ギャルソンの代名詞であった黒い服が徐々に浸透してくるようになると、赤を中心としたコレクションを発表するようになりました。

川久保玲（1942-）

「私は、今までに存在しなかったような服をデザインしたいと思っています。自分の過去の作品に似たものを作りたくありません」
『THE STUDY OF COMME des GARCONS』（リトルモア、２００４年）

これは川久保氏本人の言葉ですが、**流行に沿った「売れる服」を作ろうとする業者が多い中、その路線を捨て、新しい表現に挑戦し続ける姿勢**は、誠に恐縮ながらすごいなと思います。

90年代に発表されたギャルソンのコレクションの中で、特に有名なのが１９９７年春夏シーズンの「ボディ・ミーツ・ドレス ドレス・ミーツ・ボディ」ではないでしょうか。

元々アバンギャルドな服を提案していたコム・デ・ギャルソンですから、顧客やファンは皆、個性的な服を求めている人ばかりですし、その耐性もあります。そんな彼らの中ですら賛否が分かれたというのが、このコレクション。

当時からギャルソンに肯定的だったメディアも、お茶を濁したような評価をしたと言われています。

発表されたドレスは、通称「**こぶドレス**」と呼ばれていますね。

このドレスについて川久保氏は、

「社内でも、制作以外のスタッフに見せたときは最初はみんな無言でした。何か言いなさいよって言いながら孤独を感じましたね」

と振り返っています。

さすがに社内でも賛否が分かれていたみたいですね。

しかしそれだけのインパクトを残したこのコレクションは、時間の流れた現代でも語り継がれるほどの有名なコレクションになっています。

そういった意味でも、大成功だったと言えるのかもしれません。

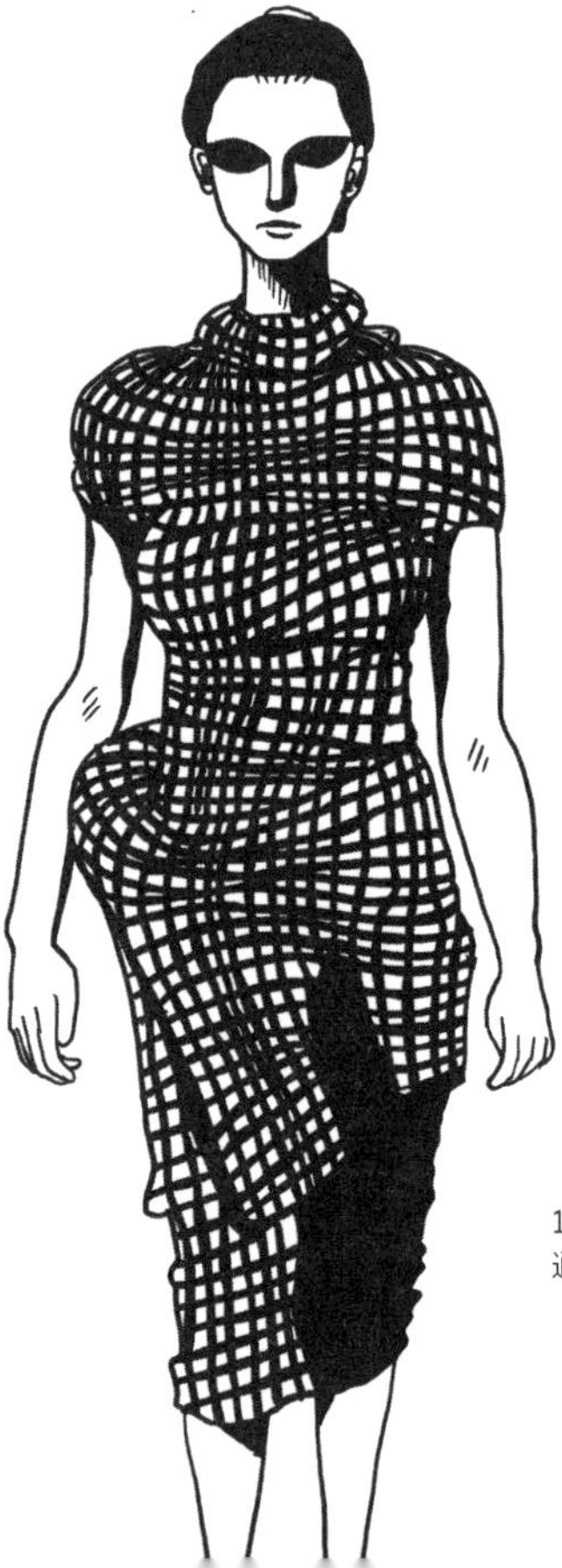

1997年春夏に発表された
通称「こぶドレス」

他にもギャルソンといえば、多数のライン展開も特徴的です。現在コム・デ・ギャルソンには19のラインが存在しており、それぞれが独立したブランドになっています。これらのラインはそれぞれ別のデザイナーが手掛ける形になっていることで、川久保氏以外のデザイナーの個性が表に出やすくなっています。

渡辺淳弥、栗原たお、二宮啓……。根強いファンの多いデザイナーばかりです。意外と見落とされがちですが、**こういったブランドの展開や見せ方の上手さも、ギャルソンの素晴らしい部分**なんですよね。

またアバンギャルドなデザインに隠れがちですが、**ギャルソンの縫製やクオリティは非常に高い**です。

僕自身、仕事柄よく工場にお邪魔していたのですが、「コム・デ・ギャルソンの仕事を受け持った」ということは、ある種の箔になる部分がありました。「ギャルソンをやっているくらいだから大丈夫だろう」と、それだけで信用してもらえるんです（笑）。

Yohji Yamamoto

1981年。コム・デ・ギャルソンがパリ・コレクションでデビューしたのと同じ年に、もうひとつ重要なブランドが世に出ることになりました。

山本耀司率いる「ヨウジヤマモト」です。

山本耀司は1943年10月3日、東京都新宿生まれ。父である文雄は総菜を卸す会社を経営していたそうですが、1944年の8月に戦争へ徴兵され、戦死されてしまいます。彼は当時まだ1歳。父親のことは、写真でしか知らないそうです。

父が戦死した後、母・富美は服飾の学校である文化服装学院へ入学し、洋裁を学びます。戦後、生きるために洋裁の技術が必要だった時代ですね。富美はその後、「フミ洋装店」というお店を開きました。

耀司氏は高校を卒業後、慶應義塾大学の法学部へ入学します。学部は違いますが、川久保玲と同じ慶應です。年齢は二つ違いですね。その後彼は、自らの母と同じ文化服装学院へと入学します。当時は花嫁修業として入学する人も多かったそうで、1万人ほどいた全生徒のうち、男子生徒はたったの100人ほどでした。

卒業年である1969年、**山本耀司は「装苑賞」と「遠藤賞」という服飾関係の賞を2つ受賞**しました。中でも装苑賞は格の高いコンテストで、歴代受賞者にはDCブームを牽引したコシノジュンコや山本寛斎、そして高田賢三らがいます。

その後、彼は遠藤賞の副賞であるパリ往復券を使用し1年程パリへ渡航するのですが、当時のパリは例の「プレタポルテ」の波が来ている時代。

段々と歴史が繋がってきましたね。

これは彼にとって、大きなカルチャーショックだったといいます。

1972年。

彼は既製服の会社である「ワイズ」を設立。

青山にあるマンションの一室を借りて始まった、小さな会社でした。

初めての展示会で発表したのはウール生地のテーラードスーツなど、男性的なニュアンスのある婦人服で、

山本耀司（1943-）

当時は全然売れなかったそうです。

その後、初めてのファッションショーは１９７７年の東京コレクションで行い、これは成功。軌道にのったブランドは、１９８１年にパリコレクションでのデビューを経験します。

初のパリコレについて、耀司氏本人は「お客は集まらないだろう」と踏んでいたそうです。ショーも小規模なもので、変わったバイヤーの目に止まれば……くらいの感覚だったといいます。しかし予想に反し、彼のコレクションは大きな盛況を呼びました。**会場に入りきらない程のバイヤーが押しかけ、事務所のエレベーターが壊れてしまった**というのは、有名な逸話です。[※28]

ヨウジのコレクションで有名なものはいくつもありますが、１９９６年春夏に発表した**「花と少年」**と呼ばれるショーは、中でも有名かつ人気も高いです。

テーマに「少年」とある通り、まだ10代前半の少年もモデルとして起用し話題となったこのコレクション。会場には赤や黄の花が添えられ、同様に**牡丹の花が大きくプリントされたアイテム**も印象的でした。独特の色気だったり毒々しさみたいなものを感じて、めちゃくちゃカッコいいんですよね。この牡丹の花は京都の服飾図

※28　順風満帆に見えるヨウジですが、実は一度破産を経験しています。２００９年10月9日、株式会社ヨウジヤマモトは東京地方裁判所に民事再生法の適用を申請しました。この時の負債総額は60億円で、年間の売上はピーク時の１２０億円から75億円に落ちこんでいたといいます。原因は前年に起きていたリーマンショックや、ファストファッションの急拡大でした。その後ヨウジヤマモトは投資会社インテグラルが株式会社ヨウジヤマモトとして事業譲渡を受け、再起を果たします。これにより、ブランドは現在も継続しているわけです。

案家・林史己によるもので、彼の作品は他のコレクションでも登場しています。

そして1982年、ヨウジヤマモトはコム・デ・ギャルソンと共に、欧米で大きなセンセーションを巻き起こしました。「黒の衝撃」として語り継がれる、伝説のコレクションを発表したのです。

黒の衝撃

コム・デ・ギャルソンとヨウジヤマモト。この2つのブランドによる1983年

牡丹の花柄が印象的な
「花と少年」のルック

春夏コレクションは、ファッション業界に大きなインパクトを与えました。**後にスイスチーズに例えられた、ところどころに穴の開いたニット。明らかにくたびれたカットソー、体の線を覆い隠すようなシルエット。そして黒い色。**ギャルソンとヨウジは、同時期にこのような服を提案したのです。※29

黒色の服というのは現代の感覚では普通ですが、当時は反抗や禁欲的な意味合いが強く、タブーとされていました。コレクションではほとんど使われる事のない色だったのです。

もちろん歴史を辿ればシャネルのリトル・ブラック・ドレスなど、挑戦的な意味合いで使用されることはありましたが、それでもマイノリティな感覚だったことに変わりはありません。ですから黒を全面に押し出したギャルソンとヨウジは、かなり異端な存在でした。

山本耀司は自叙伝である『服を作る モードを超えて』（2013年、中央公論新社）にて、当時をこのように振り返っています。

「別に、西洋に盾突こうなんてつもりはありませんでした。自分が自然に好きだと思ったものを発表しただけ。ただ、西洋で美しいとされる予定調和な服が嫌いで、崩

※29 これがただの偶然なのかどうか。そのあたりの真相は謎に包まれており、明言はされていないのですが、お互いに影響を受け合っていたのは間違いないでしょう。山本耀司著『服を作る モードを超えて』（中央公論新社、2013年）では〈あの時、パリに出ていったのが僕一人だけだったら、こんなことにはなっていなかったでしょう。川久保さんと同時期にパリに乗り込んでいったため、脅威と受け止められたのかもしれません〉〈川久保玲さんのブランド「コム・デ・ギャルソン」も同じ時期からパリコレに参加していました。二人の作風が似ているととらえられ、「レ・ジャポネ」、つまり「日本人」の複数形で呼ばれることが多かった〉と語られています。

したほうがきれいだとの確信があったのです」

彼らが提案した服は、良く言えば誰も見たことのない革命的なもの、悪く言えば欧米の流儀に則っていない、失礼な服でした。黒は本来、喪服で使用する色ですから、不謹慎と言われれば確かにその通りだったのかもしれません。

メディアからの評価も真っ二つに割れました。しかし**その反響の大きさから、それまではほとんど無名であった両ブランドは世界的な知名度をどんどん上げていく**こととなります。

またこれがきっかけで、全身を黒ずくめにしてしまうファッションが世界的に流行。日本ではそのようなファッションに身を包む人々のことを「カラス族」なんて呼んだりもしました。

これらの事象を総称して、東からの衝撃、**「黒の衝撃」**と言います。

パリのモードという舞台で、日本人が巻き起こした革新。モード界で最も有名な

「黒の衝撃」
で発表された
ギャルソンのルック

事件のひとつです。現在、一般的に**「モード＝黒」というイメージがなんとなく浸透しているかと思いますが、そのきっかけとなっているのがこの黒の衝撃**というわけなんですね。そして黒の衝撃は、後に登場するデザイナーにも強く影響を与えています。中でも、90年代から台頭し一世を風靡するマルタン・マルジェラ（131ページ）が最も有名なんじゃないでしょうか。また１９９６年から２０１１年までのディオール、２０１４年から現在まで、マルジェラでクリエイティブディレクターを務めるジョン・ガリアーノも、コム・デ・ギャルソンに影響を受けた人物として良く名前を挙げられます。

ISSEY MIYAKE

世界的に有名な「黒の衝撃」がある分、コム・デ・ギャルソンとヨウジヤマモトは併せて紹介されることが多いですが、実は三宅一生による「イッセイミヤケ」もまた、同時期に活躍したブランドです。

何なら世界へ進出したという意味では、1971年にニューヨーク・コレクション、1973年にパリ・コレクションでデビューしているので、ヨウジやギャルソンよりもかなり早いです。

そのためイッセイミヤケはどちらかというと「ケンゾー」（146ページ）と世代的に近く、**日本ファッションの草分け的存在、パリ・ファッションへの先陣を切ったブランド**として語られることも多いですね。

三宅一生は1938年、広島県広島市生まれ。第二次世界大戦時には原子爆弾による被爆を経験されています。当時7歳でした。

高校卒業後は多摩美術大学へ入学、1965年にパリへ渡り、服飾学校に入学。その後1966年にギ・ラロッシュのアシスタントや、ジバンシィ、1969年にジェフリー・ビーンで修業を積んだ後、1970年に「三宅デザイン事務所」を設立しました。彼は**オートクチュールを本場で学んだ数少ない日本人デザイナーのひとり**です。彼の学生時代は、

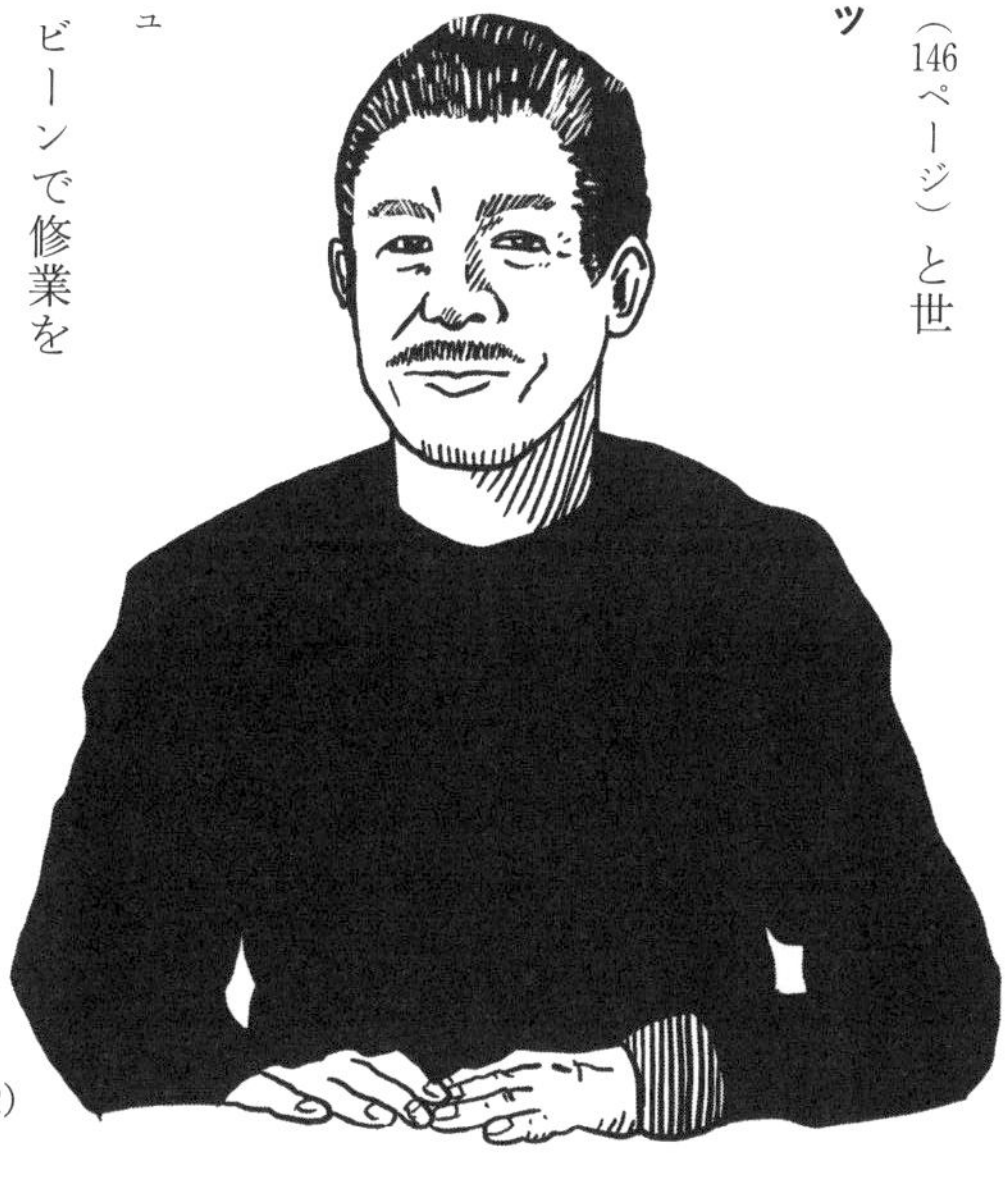

三宅一生
（1938-2022）

ちょうどファッションの主流がオートクチュールからプレタポルテへ移行している時期でした。

彼が作る服を見る上で有名なのが「**一枚の布**」という概念。これはブランドの企業理念にもなっており、公式ホームページには、

〝人間の身を包む「一枚の布」、という衣服への根源的な問いかけから発想し、それを縦横に展開させることで、現代の人々が真に必要とするもののものづくりを追求すること、それが三宅デザイン事務所の精神です〟

という風に書かれています。

機能的かつ美しい「イッセイミヤケらしい服」の根源には、このような考えがあるのです。※30

ブランドの代名詞的なアイテムに、「**プリーツ・プリーズ**」というシリーズがあります。これは1988年のウィメンズコレクションで発表したアイテムを発展させた

※30 スティーブ・ジョブズがよく着ていた黒のタートルネックは、イッセイミヤケのものだったという話は有名ですね。ジョブズが気に入りすぎて、イッセイミヤケのデザインのアップルの制服を持ち込もうとするも社員から反対され、しかたなく自分用に黒のトップスを100枚発注したんだとか。

もので、1994年に正式なブランド・ラインとしてスタートしました。

名前の通り、**プリーツの入った凹凸のある生地と、軽量性、着やすさ、ケアのしやすさ**が大きな特徴。30年以上の歴史のある服ですが、今でも人気が高いですね。僕も大好きです。

ファッション業界の流行の栄枯盛衰というのは激しいものです。

今ではずいぶん古くなってしまったスタイル。そのスタイルと共に消えていったブランド……これは決して珍しいことではなく、むしろ多くのブランドがそういった道を歩むことになります。

いつまでも人気の高いブランドというのはかぎられているのです。

そういう意味で、歴史という観点で現在も続くブランドを見るということは、

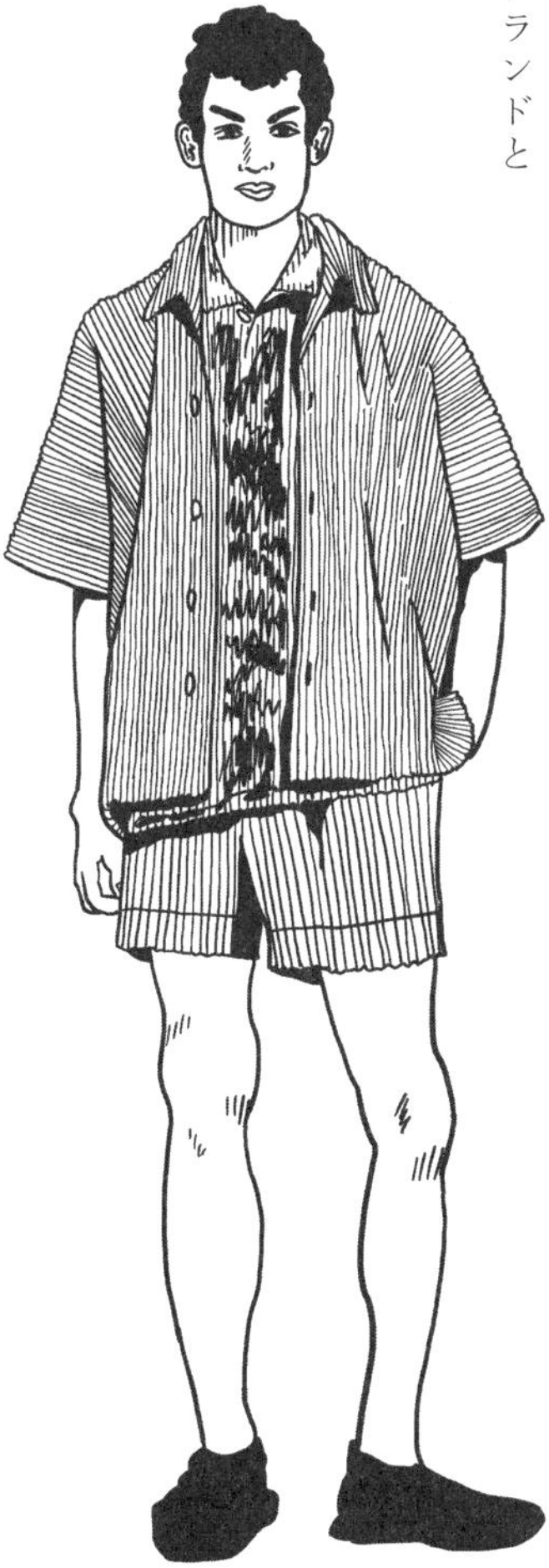

プリーツが用いられた
ISSEY MIYAKE のアイテム

意味を持つものではないかと思います。それだけ長い時間、愛されているブランドだということですから。

コム・デ・ギャルソン、ヨウジヤマモト、イッセイミヤケ。ここで取り上げた3つなんかは、まさにそのようなブランドの代表例ではないでしょうか。

イタリアのファッション

ここで海外にも目を向けてみましょう。

70年代から80年代にかけては、**フランス・パリに限らず、それ以外の国の多くのデザイナーたちが注目を集めるようになった時期**でもあります。

例えば、イタリアです。

ジョルジオ・アルマーニ　Giorgio Armani
ジャンフランコ・フェレ　Gianfranco Ferre

ジャンニ・ヴェルサーチ　Gianni Versace

「ミラノの3G」と呼ばれるこの3人が一世を風靡したのも、80年代のことでした。日本人にとってイタリアファッションというのは、アメリカに次いで馴染み深いスタイルかもしれません。

現代を生きる人にとってアメリカのファッションとは、普段着の立ち位置にあります。チェックのフランネルシャツやプリントTシャツ、ジーンズなど。なんならお洒落に抵抗があるという人でも、これらの服なら抵抗なく取り入れられる人は多いでしょう。いわゆるオールドタイプの「オタクファッション」も、よく見れば典型的なアメカジファッションですからね。[※31]

一方**イタリアのファッションは、分かりやすく「オシャレ」をしたスタイルであることが多い**です。これは僕の年齢もありますが、普段着はアメリカンファッション、お洒落着はイタリアンファッション……なんてよく教えられたものでした。スタイルでいうと**カジュアルなジャケットにスラックス、ボタンをがっつり開けたシャツ**、という感じです。今はもう古いイメージでしょうね。

ファッション雑誌「LEON」が提唱して広まった「ちょいワルおやじ」なんかは、

※31 それだけ当たり前に浸透しているのが仇となり、アメカジファッションは高い服が高く見えないとも言われます。ヴィンテージアイテムもそうですね。背景を知らない普通の人にとってはただの古いくたびれた服です。自己満足と言われればそれまでですが、新品も古着もアメカジをお洒落に見せるのって結構大変なんです。

典型的な例です。イタリアファッション＝エレガントでセクシー。こういったイメージが定着したのは、１９８０年代のことでした。

そしてその出発点となるのが、「ミラノの３Ｇ」だったというわけです。

ミラノの3G

３人とも偉大な人物であることには間違いないのですが、知名度で言いますと、最も有名なのは**「ジョルジオ・アルマーニ」**でしょう。

メインラインである「ジョルジオ・アルマーニ」のほか、セカンドラインである「エンポリオ・アルマーニ」や、若者向けの「アルマーニ・エクスチェンジ」など、幅広い層に支持されているブランドです。

ラルフ・ローレンもそうでしたが、アルマーニもまた、デザイナー畑の人物ではありません。もちろん服も素晴らしいのですが、どちらかというとマーケティングのような「商売」が上手な人だったんですね。80年代に入り、ブランドの名前の売り方もどんどん近代化してきたのです。

アルマーニの認知度が上がるきっかけとなったのは、**アメリカのハリウッドセレブへの衣装提供を積極的に行っていた**ことでした。

1980年、リチャード・ギア主演の映画『アメリカン・ジゴロ』への衣装提供により、アルマーニはその人気に火が付きます。イタリアのブランドながら、アメリカ市場でのニーズに応えることでその認知度を上げていったのです。

またアルマーニは戦略として、従来のモードブランドとは明らかな違いを設けました。商品の価格設定です。

昔ながらのモードブランドが、その圧倒的な敷居の高さを付加価値にしているのに対し、アルマーニをはじめとする近代的なブランドは、**価格を抑えたセカンドラインやディフュージョンブラン**

アルマーニを着用する
映画『アメリカン・ジゴロ』のリチャード・ギア

ドなど、さまざまなレーベルを立ち上げました。そうすることでブランドイメージを損なうことなく、より幅広い販路を持つことに成功したのです。

日本においても、アルマーニといえば、ジョルジオ・アルマーニよりも、エンポリオ・アルマーニを想像する人が多いのではないでしょうか。

70年代にプレタポルテが台頭し、モードはより一般的なものへと変化した……と書きましたが、アルマーニをはじめとするブランド群もまた、その一端を担ったブランドであると言えるでしょう。

次に、ジャンニ・ヴェルサーチが1978年に創業した**「ヴェルサーチ」**。

世界的に人気の高いブランドで、80年代はクリエイティブなデザインや、エンタメ性の高いショーで評価を受け、セレブ層の人気を勝ち取っていました。顧客としてはマドンナやダイアナ元妃、エルトン・ジョンなどがいました。

彼は**コレクションのランウェイにセレブを招きショーを行ったパイオニアで、後に起こるスーパーモデルブームの立役者**としても知られています。

ブランドの評価は高く、例えばニューヨークタイムズは当時**「ファッション界では10年に一度だけスターが生まれる。ポワレ、シャネル、サンローラン、そして今はヴェ**

ルサーチである」とベタ褒めしました。

モードの世界で確固たる地位を築いていたヴェルサーチですが、1997年7月、マイアミのサウスビーチで殺害されてしまいます。享年50歳。早すぎる死でした。

現在は妹である、ドナテラ・ヴェルサーチが事業を継承していますね。

最後に、「**ジャンフランコ・フェレ**」。1978年に誕生したブランドです。

ミラノの3G全てのブランドに言えることですが、設立から比較的短い時間で公に注目されるようになっているのも特徴です。「イタリアのファッションは急激な成長を遂げた」と言われる所以でもあります。

元々は建築を学んでいたフェレですが[※32]、彼がすごいのは**1989年に、ディオールのオートクチュールとレディス・プレタポルテ、そしてアクセサリーのチーフデザイナーに就任した**ことじゃないでしょうか。

今の感覚だとあまり珍しくもなさそうですが、当時は、格式の高いフランスのメゾンブランドのチーフに国外のデザイナーが就任するなんて、ほぼあり得ないとされていたような時代でした。実際彼がディオールに就任した当時は、かなり反発もあったそうです。

※32 フェレは学校を出たあともファッションの道には進まず、家具メーカーのデザイン部門を担当していたそう。アパレルの世界に入るきっかけもひょんな理由で、友達の為に作ったアクセサリーがブティックのオーナーの目にとまったのがきっかけでした。その後アクセサリーデザインの仕事を引き受けるようになります。

しかし、実際にデザインを発表するとその評価は一変します。1989年秋冬のコレクションにて、「ニュールック」をオマージュしたコレクションを発表すると高評価を獲得。1990年には「デ・ドール賞（金の指貫き賞）」という、名誉ある賞を獲得しました。

PRADA

イタリアと言えば80年代当時、頭角を現したブランドがもうひとつあります。みなさんご存知、「プラダ」です。

プラダの歴史は古く、1913年に誕生したイタリアのブランドです。兄マリオ・プラダと弟マルティーノ・プラダの二人によって創業されました。創業初期は「プラダ兄弟」という名前でやっており、上流階級に向けた高価な革製品を中心に取り扱っていました。1919年にはサヴォイア王家という、当時最大の力を持っていた王家の御用達となり、ブランドのステータスと人気を高めていきました。

※33 ミウッチャと言えば、姉妹ブランドである「miumiu」もとても人気ですね。ミウッチャの幼少期のニックネームから名付けられたこのブランドは、1993年に誕生しました。プラダと比べ全体的にガーリーな雰囲気で、主に若い女性からの人気が高い印象です。クリーンなアイテムに色っぽいエッセンスを混ぜるのが上手なブランドだなと思います。

しかし第二次世界大戦に入ると、こういった高価な革の需要が減ってしまいます。戦時中はオシャレどころではないですからね。

そんなプラダが再び日の目を見たのは、戦争から30年程たった頃のことでした。**創業者であるマリオ・プラダの孫娘、ミウッチャ・プラダがオーナー兼、デザイナーに就任**したのです。私たちが想像するプラダは、このミウッチャが率いるプラダかと思います。[※33] １９７７年6月10日。ミウッチャが29歳の時、プラダにとって大きな転換が訪れます。なんでも、皮革製品の国際見本市で、プラダのコピー製品を売っている業者がいるというのです。彼女は思いました。

「今は低迷しているとはいえ、プラダはかつて王室御用達だった格式あるブランド。そんなプラダを模倣するのはどんな輩か見てやろう！」

悪党の正体は、パトリツィオ・ベルテッリという31歳の男性でした。当時の出来事について、プラダの伝記『プラダ 選ばれる理由』（２０１５年、実業之日本社）から引用しましょう。

ミウッチャ・プラダ
(1949－)

〝ミウッチャは形だけの自己紹介を行ってから、できるだけ冷たい視線を投げかけながらコピー製品について非難した。精巧にコピーされているとは言え、彼女の眼には、かつては王室御用達であった、誇り高きオリジナル商品とは、明らかに違う部分がある事は一目瞭然だった。（中略）

彼女の前にいる若い男は、意見の衝突を避けたがるどころか、むしろ喜んで彼女の非難を受け止めた。そして一つひとつきちんと応じただけでなく、優れたポーカープレイヤーのように、いつの間にか攻勢に転じた。

「（とりあえずはビジネスで）自分とくめば、世間に大きなインパクトを与えられますよ。」

と言って彼女を説得しようとしたのである。（中略）

数週間後、二人は一緒に仕事を始める事になった。

しばらくすると二人は、互いの事を知りたい、交際したいと望むようになった〟

かなり驚愕の内容ですよね。僕自身も初めて読んだとき、そんなことがあるのかと驚きました。数あるメゾンブランドの歴史の中でも、相当変わった部類だと思います。

その後パトリツィオとミウッチャは１９８７年に結婚し、結果的にパトリツィオはプラダグループを大きく発展させる重要な人物となったのでした。

プラダが取り入れた中で最も有名かつ、歴史的に最も大きなインパクトを残したのは「**ポコノ**」という素材でした。

このナイロン生地は**絹のように軽くて丈夫、しかも撥水性や手触りの良さを併せ持つ**という、とても高性能なものでした。製造会社は「リモンタ」といい、高級なナイロン生地を作ることで現代でもよく知られている会社です。

ミウッチャは、この素材でバッグを作る事を決断します。

しかしこの試みは最初、周りからの理解を得られませんでした。というのも当時は、ラグジュアリーブランドが作るバッグといえば、レザー製が当たり前の時代だったのです。格式の高さを売りにする高級ブランドが、まだまだチープなイメージの強かったナイロン製のバッグを作るなんて、あり得ないと言われてしまったんですね。

しかしこのバッグは、結果的に大成功を収めます。

ポコノを使用した
PRADA のバックパック

ポコノのバッグは1984年に初めて発売され、プラダの代名詞的アイテムとなりました。ちょうどミラノの3Gが世に出て、イタリアのファッション業界が注目されていた時代です。

このナイロンバッグの誕生は、**高級品としての合成繊維を初めて世間に受け入れさせることに成功**しました。ポコノのバッグがなければ、今でも合繊繊維の立ち位置はもっと下だったかもしれません。

大げさではなく、このバッグは**歴史を変えた重要なアイテムのひとつ**なのです。

1990年代
新たな才能たち

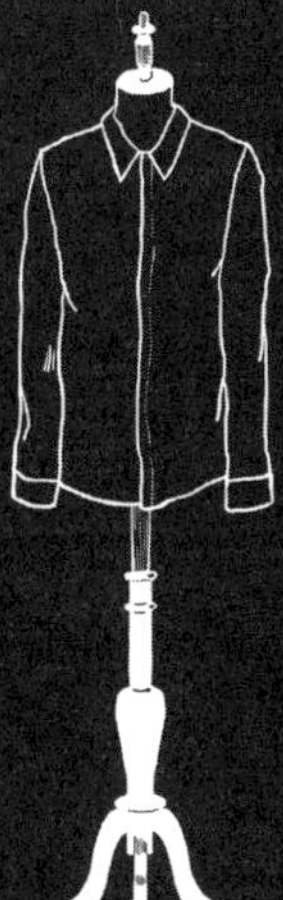

セレクトショップとシブカジ

1990年代の日本は、近年の中でも最も目まぐるしい変遷を得た年代と言えます。好景気を謳歌した時代から一転、バブルの崩壊と共に、現在まで続く不況の波が押し寄せます。他にも、オウム真理教による地下鉄サリン事件や、阪神淡路大震災が起こったのも90年代です。現在では当たり前になった、インターネットや携帯電話が普及した時代でもあります。

ファッションで言えば、90年代の日本、特に東京は、「アムラー」や「ギャル文化」などさまざまなストリートカルチャーが乱立した時代でした。中でも押さえておきたいのが、**「渋谷カジュアル＝シブカジ」**と呼ばれるスタイルです。

シブカジとはその名の通りアメカジをベースとしたスタイルで、80年代終盤から90年代にかけて流行しました。シブカジは、ただの一過性のアメカジブームではありません。**従来のファッションスタイルとは違う、当時からすると非常に斬新な特徴**を持っていました。どういうことか、ご説明します。

80年代のＤＣブームは、とにかくデザイナーが提案するものが絶対とされる流行でした。デザイナーが作り出す世界観やコンセプトがあり、消費者はそれに忠実に従う。要は**全身同じブランドで揃えるということが当たり前で、それが一番イケている**とされていたのです。

それに対しシブカジは、同じブランドから出る服ではなく、むしろ**別ブランドの服を組み合わせてコーデを組むのがカッコいいという価値観**を持っていました。決まりきった制服的な発想ではなく、自由な組み合わせで、自分らしいスタイルを楽しもうとしたのです。現代から見れば、この方がフィットする考え方ですよね。

ちなみにこのような価値観の誕生には、同じく90年代に定着した「セレクトショップ」の存在が大きな影響を与えています。[※34]

その後シブカジは、「キレカジ」「デルカジ」「イタカジ」「フレカジ」というように様々なスタイルへと変遷していきました。

※34 セレクトショップの黎明期は大体1970年代後半のことで、シップス（当時ミウラ&サンズ）が1975年に一号店をオープン。1976年にアメリカンライフショップビームスとして、1977年にシップスとして銀座にお店をオープンする、という流れとなります。ユナイテッドアローズはこの二つと比べて後発のショップで、1989年に創業しました。創業者は設楽悦三とともに「アメリカンライフショップビームス」を立ち上げた「重松理」という人物。ビームス一号店の店長を務め、最終的には常務取締役としてビームスのバイヤーたちを統括していた人物でした。

裏原系というカルチャー

シブカジとは別に、日本から世界へと発信されたストリートカルチャーが存在します。それが俗に**「裏原系」**と呼ばれるカルチャーです。

裏原とは「裏原宿」の略で、JR山手線・原宿駅の奥にあるエリアのことを指します。この一帯で生まれたカルチャーを総称して、裏原、または裏原系と呼ぶのです。

裏原を語る上で外せないのが、次の3つのブランド、そしてデザイナーです。

HFこと、藤原ヒロシが率いる「GOOD ENOUGH（グッドイナフ）」
NIGOこと、長尾智明が率いる「A BATHING APE（アベイシングエイプ）」
ジョニオこと、高橋盾が率いる「UNDERCOVER（アンダーカバー）」

彼ら3人とそれぞれが手掛けるブランドは、裏原ムーブメントを一から創造した先駆者といえる存在です。ひとつずつご紹介しましょう。

GOOD ENOUGH（グッドイナフ）

グッドイナフは、1990年に誕生したファッションブランド。立ち上げメンバーは藤原ヒロシ、中村晋一郎、岩井徹、水継の4人でした。

現在はグッドイナフ＝藤原ヒロシのイメージで語られることが多いのですが、実は当初、グッドイナフはデザイナー不明のブランドとしてスタートしました。

グッドイナフは**日本で初めて、スケボーやDJといったストリートカルチャーの文脈をファッションに落とし込んだブランド**です。このブランドの創業を、裏原カルチャーの始まりと定義する人も少なくないですね。ブランド自体は2017年に終了しています。

藤原ヒロシ（1964－）

A BATHING APE（アベイシングエイプ）

アベイシングエイプは１９９３年に立ち上がったブランド。創業者はＮＩＧＯこと長尾智明です。ブランド名を略して「ＢＡＰＥ」と呼んだりもしますね。ブランドのトレードマークである、**「エイプヘッド」**というサルの顔を見た事がある人は多いんじゃないでしょうか。

エイプはグッドイナフと比べ、積極的にブランド規模の拡大を狙っていったブランドなので、恐らく裏原系と呼ばれるブランドの中で最も知名度の高いブランドだと思います。ベイプカモと呼ばれる迷彩柄のアイテムや、木村拓哉がドラマ「ヒーロー」で着用したダウンジャケットなんかは、世間的にもかなり有名じゃないでしょうか。あれ、かっこいいいん

NIGO（1970-）

ですよね。当時のキムタクのカッコよさは別格だと思います。

ちなみにエイプの立ち上げと同じ1993年、NIGOと、のちにご紹介する高橋盾の2人が原宿の路地裏に**「NOWHERE」**というショップを立ち上げます。

NOWHEREはのちに、**裏原を象徴するショップ**となりました。

UNDERCOVER（アンダーカバー）

アンダーカバーの創業は1990年、グッドイナフと同じ年です。創業者はジョニオこと高橋盾。文化服装学院に在学中に立ち上げたブランドでした。

グッドイナフとエイプがあくまでストリートの領域で戦い続けたブランドであるのに対し、アンダー

高橋盾（1969-）

カバーは**コレクション、すなわちモードの世界へ活躍の場を広げた**ブランドでした。１９９４年に初の東京コレクションに参加した後、２００３年春夏にはパリ・コレクションへ参加しています。

アンダーカバーのパリコレクション進出にはコム・デ・ギャルソンの川久保玲の存在が大きかったそうで、二人は手紙で連絡を取り合う仲だったそうです。

有名なアイテムは色々ありますが、リペアやクラッシュ加工が施されたデニム、通称「85デニム」「68デニム」と言ったりもするんですが、この辺りはアンダーカバーのアーカイブの中でも高い人気がありますね。

最近で言うなら、２０２４年のコレクションで発表されたスカートは衝撃的でした。**スカートには花が咲き、本物の蝶がその周りを舞う**のです。動物愛護団体からの抗議があり謝罪したという経緯もあったのですが、あの魅せ方は素直にすごいなと思いました。※35

※35 その他、１９９４年には滝沢伸介のネイバーフッドや江川芳文と真柄尚武のヘクティク、１９９５年には岩永光のバウンティーハンター、１９９６年には西山徹のダブルタップスや宮下貴裕のナンバーナインなどなど……裏原で誕生したカルチャーは、現代まで続くさまざまなブランドを生み出しました。

裏原系ブランドの共通点

裏原ブームは1990年に誕生し、1996年頃から2002年頃にかけてピークを迎え、その後衰退していく流れとなります。**実に10年以上続く、非常に息の長いムーブメント**となりました。

裏原がビッグカルチャーへと成長した要因として、ファッション雑誌をはじめとしたメディアの影響があります。

当時はストリート系のファッション雑誌が続々と創刊され、積極的に裏原系のファッションやスタイルを取り上げました。また木村拓哉や窪塚洋介など、人気芸能人が裏原系の服を好んで着ており、裏原カルチャーの顔となりました。

当時、裏原系のデザイナーは皆20代の若者。**大きな資本に頼らず、自分たちの力だけで運営する小さなブランドが主流**でした。そのため生産数はごく少量で、認知度の高さの割に、ビジネスの規模は小さかったのです。

するとどうなるか。現代を生きる皆さんなら、分かるかと思います。**高い値段を出してでも、その商品が欲しいという人が現れる**んですね。俗に言う「プレ値」です。

裏原系のショップでは、激しい争奪戦が勃発しました。多くのファンが開店前のショップに並びますし、もちろんその中には転売目的の業者も多数いました。

裏原系の本質は、その「希少性」にあります。

デイヴィッド・マークスという人が書いた『AMETORA』（DU BOOKS、２０１７年）という本には、裏原系のスタイルとは「プレゼンテーションに工夫をこらした、古典的なアメリカンカジュアル」と書かれていますが、これは大変芯を捉えた内容なのではないでしょうか。

あらゆるものが高騰した日本

プレ値つながりで言うと、90年代は**あらゆるモノの値段が異常なまでに高騰した時代**でした。

そのひとつの要因となったのが、**古着ブーム**です。

例えばジーンズ、リーバイスの５０１ひとつを取っても、年代によってその品質や仕様には大きな違いがあります。いわゆる「赤耳」があるだとか無いだとか、過去のレアなジーンズを人々が求めるようになったのです。「デッドストック」や「ヴィンテージデニム」という言葉が定着するようになったのも、この頃でした。

ファッション雑誌「Boon」（１９８６年創刊、現在は廃刊）では積極的に古着デニムの特集が組まれ、「５０１ＸＸ《ダブルエックス》」を初めとしたリーバイスのジーンズの値段が高騰しました。サイズや状態が良いものだと、数百万円の値段が付くこともありました。まぁこれは現代でも同じですね。

値段が高騰したという点では、スニーカーも同じです。

90年代は日本のスニーカーの歴史において、特別な10年となりました。**本来はスポーツ用として生まれたスニーカーが、音楽やファッションといった別のカルチャーと結びつき、オシャレをするためのアイテムへと変化した**のです。

リーボックの「ポンプフューリー」や、プーマの「ディスクブレイズ」……。こ

エアマックス 95

ういったハイテクスニーカーが一世を風靡していくのですが、中でも有名なのがナイキの**「エアマックス95」**というモデルでしょう。

それまでのスニーカーにはなかったような配色と奇抜なデザインが受け、一躍大人気となりました。特に「イエローグラデ」と呼ばれるカラーの人気が高く、これもまた価格が高騰。品薄の状態が続き、販売店によっては数十万という値段がついていたそうです。ピーク時には**エアマックス95を履いた人を襲い強奪する「エアマックス狩り」**という社会問題にまで発展しました。

ユニクロのフリース

プレ値で取引されるアイテムが多数出現した一方で、安価かつ質の良い商品を売りにする「ユニクロ」が注目されたのもこの頃。**ユニクロの「フリース」が一大ブームになった**のです。

当時、フリースはアウトドアブランドくらいしか出しておらず、値段も大体1万円以上。そんな中、ユニクロは１９００円という価格でフリースを売り出しました。相場の５分の１以下。売れないわけがありません。

１９９８年、フリースの販売枚数は２００万枚を記録。続く１９９９年には８００万枚、２０００年には２６００万枚という、驚異的といえる数字をたたき出しました。

ユニクロのフリースの登場は、当然アパレル業界にも強い影響を与えました。当時の状況について、ユナイテッドアローズの社史にはこう書かれています。

〃郊外型衣料品チェーンのイメージが強かったユニクロが、明治通りと表参道の交差点近くに初の都心型店舗をオープンしたのは業界を震撼させるビッグニュースだった。原宿は、言うまでもなくユナイテッドアローズのお膝元。意識するなというほうが無理だった。しかもこの年、フリースが２００万枚を売り上げる大ヒット。店の前には連日のように大行列ができて、新聞やテレビで大きく報じられた。（中略）

「ユニクロにあるのと同種の商品は売れなくなる」

そう判断して、おなじようなラインナップの商品を店頭から一斉に引き揚げた。企画中のものも打ち切って、製品化するのを取りやめた。ユニクロのと同種の商品とは、

定番商品と言い換えてもいい。そこの品ぞろえを薄くした事で、客離れと売上の低迷という当然の結果を招いた〟
『UAの信念－すべてはお客様のため』（日経事業出版センター、2014年）

アントワープ・シックス

日本が裏原ブームに沸く中、世界のファッション業界はどうなっていたのでしょうか？　ここで取り上げたいのはフランス・パリではなく、ベルギーを中心とするムーブメントです。

1985年。**「アントワープ王立芸術アカデミー」**という服飾の名門校を卒業した6人の若者が、「ブリティッシュ・デザイナーズ・ショー」という展示会に参加します。この展示会でメディアからの注目を集めたことがきっかけとなり、彼らは一躍脚光を浴びることとなりました。

アン・ドゥムルメステール Ann Demeulemeester
ウォルター・ヴァン・ベイレンドンク Walter Van Beirendonck
ダーク・ヴァン・セーヌ Dirk Van Saene
ダーク・ビッケンバーグ Dirk Bikkembergs
ドリス・ヴァン・ノッテン Dries Van Noten
マリナ・イー Marina Yee

のちに「アントワープ・シックス」と呼ばれるこの6人の若者は、90年代のモード界に新たな風を吹かせる存在となります。

DRIES VAN NOTEN（ドリス・ヴァン・ノッテン）

ドリスは6人の中でも、最も知名度の高い人物じゃないでしょうか。
現在も人気が高く、日本でも多くの店舗で取り扱われているブランドで

アントワープ・シックス

すね。

1958年、ベルギーのアントワープで誕生したドリス。彼の家は、祖父の代から続くブティックでした。同じくアントワープ・シックスのメンバーであるマリナ・イーは彼のことを、「ブティックを営む家の生まれなので、すでにプロフェッショナルで色々と教えてくれた」と話しています。

服作りの技術やセンスはもちろん、ドリスは**経営の才覚も優れた人物**としても知られています。しかし一方では、3度も挑戦したコンクールで全く評価されなかった、という苦い経験もしています。意外と苦労人なんですよね。

ドリスはアントワープ芸術アカデミーを1981年に卒業後、1986年にロンドン・コレクション、1991年にパリ・コレクションでデビュー。ブランドとして知名度を上げ始めたのは、まさに90年代のことです。

ドリスが作る服は、「美しい」のひと言に尽きますね。**絵画をはじめとするアートだったり、アジアやアフリカ系の民族衣装のテイストを上手くハイファッションと融合させた、作品性の高い服を作る人**です。そのため、コレクションによっては日本的なエッセンスを感じさせる服もあったりします。

さらに生地使いや刺繍など、技術的な面にも一切妥協を許しません。

お値段は決して安くはないですが……彼の服は、まさしく**「アート作品」と呼ぶにふさわしい**ものだと思います。

２０２４年6月に行われた２０２５年春夏のパリコレクションが、ドリス本人による最後のコレクションとなりました。

集大成的な内容と言うよりは、**最後まで挑戦を止めないドリスの姿勢が見て取れるような、素晴らしいコレクション**でした。

DRIES VAN NOTEN
(2025SS)

ANN DEMEULEMEESTER（アン・ドゥムルメステール）

1959年、ベルギーに誕生したアン・ドゥムルメステールは、ドリスと同様1981年にアントワープを卒業し、翌年にはゴールデンスピンドル賞を受賞します。そして1985年、夫であるパトリック・ロビンと共にファッションブランド「アン・ドゥムルメステール」を創業しました。

アンの作る服は、**ゴシックやパンク的な要素を上手く落とし込んでいる**のが特徴です。加えて、ベルギー系のブランドの中で最も、**日本的な要素を感じ取りやすい**服のようにも思います。白や黒といった無彩色を好むアンの服はどこか退廃的な

ANN DEMEULEMEESTER
(2024-25AW)

雰囲気を持ち、黒の衝撃を思い起こさせます。また「表参道ヒルズ」に直営店をオープンしており、これはアンにとって初の海外店舗となりました。

次にご紹介するマルタン・マルジェラもそうですが、アントワープのデザイナーは日本とゆかりの深い人が多いですね。[※36]

マルタン・マルジェラ

90年代のモードを象徴する人物は誰かと聞かれたら、僕は迷わずマルタン・マルジェラの名前を挙げます。現代においても、非常にファンの多いデザイナー／ブランドですよね。ウォルターとは学校の同期で、アントワープ・シックスに加えて語られることも多い人物です。[※37]

Maison Martin Margiela（メゾン・マルタン・マルジェラ）は１９８８年に誕生したファッ

※36 アントワープシックスについて、本当は全員紹介したいところですが、今回はマルジェラ含め3人に絞ります。日本でも取り扱いを比較的よく見るブランドを選びました。2007年にアントワープ王立芸術アカデミーの学長に就任したウォルターや、2020年に川久保玲に認められ、コム・デ・ギャルソン青山店で取り扱いが開始されたダークヴァンセーヌなど、もっと語りたいニュースもあったのですが……。

※37 彼のニックネームは、マーティン。マリナ・イーとは当時、付き合っていたそうです。

ションブランド。フランスのブランドですが、マルタン・マルジェラはベルギーのランブールという町で生まれました。

現在マルジェラは「メゾン・マルジェラ」という名前で呼ばれていますが、これは2015年、マルタンの引退に伴い後任のジョン・ガリアーノが新たにクリエイティブディレクターに就任した際に改名されたためです。ややこしいと思うので、本書ではマルジェラで統一します。

マルタンは1984年から3年間、巨匠ジャン＝ポール・ゴルチエの元でアシスタントとして働き、1989年にブランドを設立しました。

初期のマルタンのデザインを一言で表すのであれば、**「アンチ・モード」**でした。

モードとは本来、華やかで煌びやかなものです。しかし彼はそういった「マナー」を無視した、破壊的な服を提案しました。**古着のリメイク、クラッシュジーンズ、極端なダメージ加工が入った服**……。これらをカッコいいとするマルタンの価値観

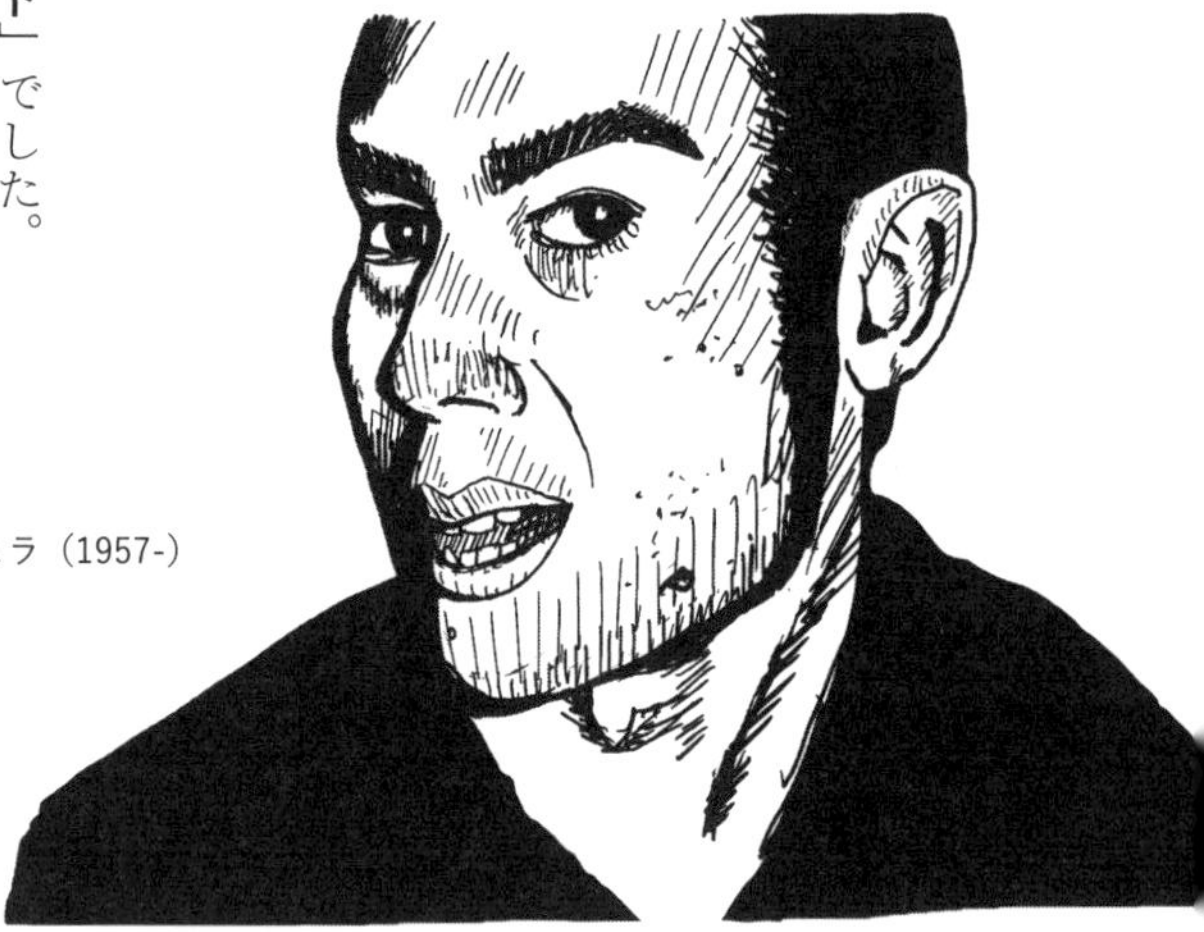

マルタン・マルジェラ（1957-）

は、のちに流行する「グランジスタイル」の先駆け的な存在となりました。

この特徴を踏まえ、マルタンの作る服はよく、脱構築（デコンストラクション）、貧困者風（ポペリズム）といった言葉で形容されます。

現在のマルジェラはどちらかと言うとスタンダードなアイテムの人気が高く、「シンプルで品の良い」というイメージを持っている人が多いかもしれません。それと比べると、独特でコンセプチュアルな初期のマルジェラはかなり印象が違うかもしれませんね。


ブランドのタグについても触れておきましょう。

マルジェラのタグは、四隅を糸で止めたデザインが大きな特徴です。またタグには0から23の数字が並んでおり、それぞれの数字には意味が割り当てられています。この数字に丸を付けることで、そのアイテムがどういった特性を持っているかが示されているわけです。


0－手仕事により、フォルムをつくり直した女性のための服
0 10－手仕事により、フォルムをつくり直した男性のための服

1―女性のためのコレクション（ラベルは無地で白）
4―女性のためのワードローブ
3―フレグランスのコレクション
8―アイウェアのコレクション
10―男性のためのコレクション
14―男性のためのワードローブ
11―女性と男性のためのアクセサリーコレクション
12―ファインジュエリーのコレクション
13―オブジェ、または出版物
22―女性と男性のための靴のコレクション
MM6―♀のための服

メンズでよく見るのは、「10」と「14」。それぞれコレクションと、定番品をそろえたラインです。また、「0」と「0 10」は**「アーティザナル・ライン」と呼ばれ、マルタンの創作の原点であり、最もクリエイティブなライン**とされています。

「マルタンはアンチモードを掲げてファッションを提案したのだから、彼の作る服はモードではない」

という考えを持つ人もいるのですが、僕はやはり、マルタンの服はモードであると思っています。

初期のマルジェラは確かに、アンチモードを掲げたファッションを提案しました。しかし**その結果生まれた物は、その当時のアパレル業界にとって新しく斬新なもの**でした。

コレクションという舞台で今あるモードを批判した結果生まれたものが、誰も見たことのない新しいものなのであれば、それもやはり「モード」なのではないでしょうか。

その意味で**アンチモードという行為は、裏を返せば最も「モード」的だと思います。**

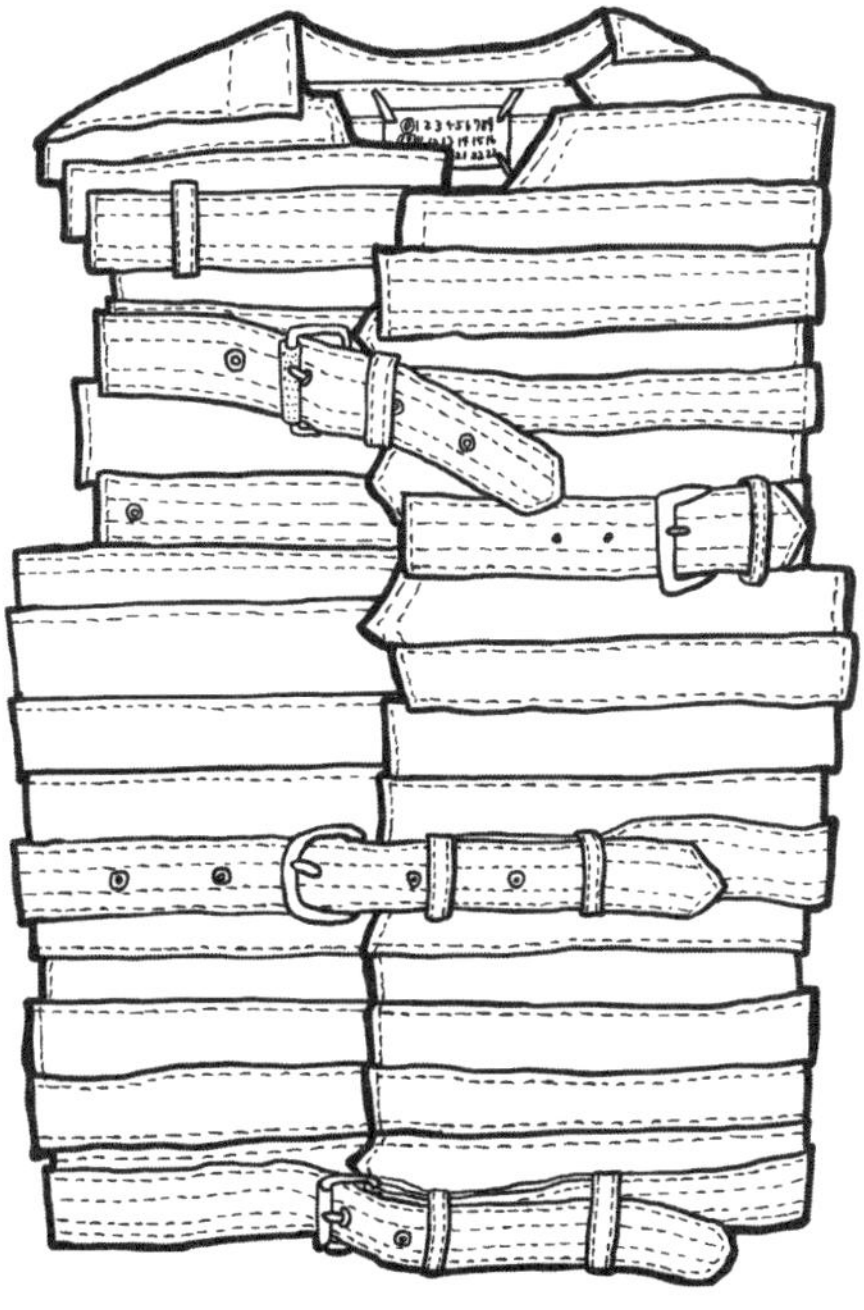

アーティザナル・ラインの名作
古着のレザーベルトを再構築して作られたベスト

GUCCI（グッチ）

ここで、誰もが知る老舗ブランド「グッチ」について話をさせてください。確かな実績と歴史を誇るグッチは、90年代にとある大きな転機を迎えます。

まずは簡単に、グッチの歴史をたどってみましょう。

グッチは1921年、イタリアで誕生したファッションブランドです。

グッチオ・グッチという人物が、イタリアのフィレンツェにて革製品の販売を始めたところから、ブランドの歴史は始まります。エルメスやルイ・ヴィトンなど、**長い歴史を持つラグジュアリーブランドの始まりは、このように革製品から始まっていることが多い**ですね。

品質保証の証としてグッチオ・グッチのイニシャル「GG」を刻印に使用したことから、グッチは**「ブランドの元祖」**とも呼ばれています。

グッチは1950年頃にはすでに洗練したブランドイメージを定着させ、エリザベス女王や、エレノア・ルーズベルト、他にも各国の大スターを魅了し、ブランドの顧客として抱えていました。ビットローファーや、赤緑のストライプ柄で構成されたシェリーライン。また、グッチの定番デザインであるGGキャンバスも有名ですね。

順調にブランドの規模を拡大し、60年代から70年代にかけて栄華を極めたグッチですが、その勢いは一度衰退してしまいます。

その原因となったのは、グッチ一族の後継者やお金をめぐる確執。いわゆる、お家騒動でした。※38

泥沼のお家騒動を経てズタボロになってしまったグッチでしたが、90年代に**救世主となるデザイナー**が現れます。

それが、**トム・フォード**です。

トム・フォードは長いグッチの歴史において、大きな

ブランドのアイコンとなっている「GG」のロゴとビットローファー

ターニングポイントとなる人物です。

彼は1961年、アメリカ・テキサス州生まれのデザイナーで、グッチを救った人物として知られる他、2005年には自身の名を冠したブランド「トム・フォード」を設立しています。眼鏡やコスメなどの小物が特に人気のブランドですね。眼鏡にあしらわれたTのイニシャルを見たことがある人も多いんじゃないでしょうか。

ニューヨーク大学で美術史を専攻した彼は、元々俳優になることを夢見る若者でした。その後パーソンズ・ザ・ニュースクール・フォア・デザインへ編入し、ここでは建築を学びますが、最終的にはファッションの道を選びました。

いくつかのブランドを渡り歩いたのち、彼がグッチに移動したのは1990年のことでした。そして迎えた1994年。33歳のときに、トム・フォードはグッチのクリエイティブディレクターに就任しました。ブランドを任される年齢にしては、かなり若い方だと思います。

トム・フォードのデザインはよく、「セクシー」という言葉で形容されます。

長い歴史を持つブランドにはありがちなのですが、彼がクリエイティブディレク

※38 この内容はノンフィクション小説『ハウス・オブ・グッチ』を原作に映画にもなりました。主演はレディー・ガガが務めています。

ターに就任した当時のグッチは、やや保守的でクラシカルなイメージが定着しており、顧客層も年配の方が中心。昔ながらのメゾンブランド、という感じでした。
そんなブランドのイメージを払拭すべく、トム・フォードは**グッチの伝統を受け継ぎつつも、グラマラスでセクシーな服を打ち出した**のです。

「ヒップハングのパンツにメタリックなシャツを着せた最初のモデルをステージに送り出すとき、僕は震えるほどどきどきしていた。劇的に変えることになるわけだからね」

彼はグッチでのデビューコレクションを、このように振り返っています。
トム・フォードによる新生グッチは、大きな支持を得ました。その結果、昔ながらのファンに加え、新しい顧客層を取り入る事に成功。業界内でも話題になり、破産寸前だったグッチは、43億の時価総額を

トム・フォード
(1961-)

つけるまでに復活したのです。

この老舗ブランドの奇跡の復活劇は、ブランドビジネスの成功例としてもよく語られます。確かに、これ以上ないほどのサクセスストーリーでしょう。

ブランドコングロマリットの誕生

1990年代から2000年代にかけて、ファッション業界ではブランドのコングロマリット化が進みました。これは簡単に言えば、**大きな会社が有力なブランドを集めて傘下に収め、企業グループを結成した**ということです。

私たちが良く知る海外のハイブランドは、ほとんどの場合大きな企業の傘下に入っています。代表的なのは、次の3つです。

- LVMH
- リシュモン

・ケリング

中でも有名なのはＬＶＭＨ（モエヘネシー・ルイヴィトン）でしょうね。※39

フランス・パリに本拠地を置くコングロマリットで、衣料だけでなく、コスメやお酒など、さまざまな分野の企業が参加しています。

ＬＶＭＨの傘下にあるブランドを、いくつか挙げてみましょう。

LOUIS VUITTON（ルイ・ヴィトン）

Dior（ディオール）

GIVENCHY（ジバンシー）

FENDI（フェンディ）

LOEWE（ロエベ）

CELINE（セリーヌ）

KENZO（ケンゾー）

どれも知名度、人気ともに高いものばかりですよね。

※39 ＬＶはルイ・ヴィトン、ＭＨはモエ・エ・シャンドンとヘネシーというお酒の名前を略したもの。創業者の2人はあまり仲が良くなかったと言われており、ＬＶＭＨはアルファベット表記だとルイ・ヴィトンが先でモエ・ヘネシーが後という順番に書きますが、読みは「モエヘネシー・ルイヴィトン」です。どちらの社名を前にするか、かなり揉めたことが窺えます。

ブランドコングロマリットの誕生によって、**閉鎖的で小さくまとまりがちだったモードの業界はある程度団結し、安定することができました。**

ブランドビジネスは基本的に、小規模であることが多いです。そこそこ名の知れた有力なブランドでも、企業としての規模はあくまでも中小企業なんてことは珍しくありません。

そういった小さなブランドを集めることで、広告や人材の確保、資金のやりくりなどなど……ひとつのブランドでは耐えられないような不況や逆風にも、なんとか対応することができるようになったのです。※40

ファッションにおける革新とは、服のデザインだけの話ではありません。**コングロマリットのような企業形態の誕生もまた、モードの世界に大きな革新を起こしたと言えるでしょう。**

さて、LVMHについてお話しする中で、皆さんもご存知であろう有名ブランドが登場しましたね。せっかくなので、ここでいくつかご紹介しましょう。

※40 ブランドは経営が苦しくなると、服以外、つまり香水や化粧品などの部門を別会社へ売却することがあります。これらの部門は服に比べ大量生産しやすく、また利益を確保しやすいため、簡単に会社の買い手が付くのです。

CELINE（セリーヌ）

創業は１９４５年。実業家／デザイナーのセリーヌ・ヴィピアナと、夫であるリチャードによって設立されたフランスのブランドです。

セリーヌの成り立ちはハイブランドの中でも少し特殊で、当初は子供靴専門店としてスタートしました。そこから取り扱いの幅を広げ、ブランドを拡大していった形です。

ブランドとして人気が爆発したきっかけは、60年代後半に登場したバッグと、モカシンでした。**「サルキー」**と呼ばれる、ブランドの頭文字であるCと馬車を組み合わせた柄があしらわれたこれらのアイテムは、現在でもオールドセリーヌとして人気が高いですね。

プレタポルテの導入も１９６７年からと比較的早く、セリーヌは**BCBG**と呼ばれるスタイルの代表的なブランドとなりました。ＢＣＢＧとはフランス版のアイビーとも言えるスタイルで、フランス上流階級の趣味の良い日常着、みたいなイメージです。

しかしその後、セリーヌはブランドとしての勢いを落としてしまいます。BCBGは少しずつ流行遅れになり、古臭いイメージが付いてしまうのです。一時はセリーヌを着る若い人はいなくなり、年配の方が着る「過去のブランド」になってしまいました。

これを受け、セリーヌは1987年にLVMHに買収されます。そして「マイケル・コース」という新たなデザイナーを迎え、ブランドイメージの刷新を図りました。この作戦は功を奏し、セリーヌは主にアメリカのキャリアウーマンから支持されるブランドとして人気を回復することができました。

マイケルコース退任後、再びセリーヌの業績は落ち込んでしまうのですが、2008年にまた転機が訪れます。きっかけは、**フィービー・ファイロ**という女性デザイナーがクリエイティブディレクターに就任したことでした。

フィービー・ファイロは1973年パリ生まれ、ロンドン育ちのデザイナーです。彼女が作る服は、**シンプルながらもエレガントで、洗練された美しさを持っています。**映画『プラダを着た悪魔』や『マイ・インターン』に出てくるような、大都会でバリバリ働くカッコいい女性。彼女たちが着ているような服を想像していただけると、分かりやすいかもしれません。実際『マイ・インターン』では、アン・ハサウェイがフィービーの作ったバッグを持っていました。

個人的には、セリーヌの**クロンビーコート**も好きですね。無駄を削ぎ落とした綺麗なシルエットがカッコよく、名作アイテムのひとつだと思います。

このように数々のデザイナーを迎え、大きくなってきた老舗メゾン、セリーヌ。現在ブランドのデザインを手掛けているのは、**モードの革命児、エディ・スリマン**です。ファッション界の最重要人物のひとりである彼については、後ほどたっぷりとご紹介しましょう。

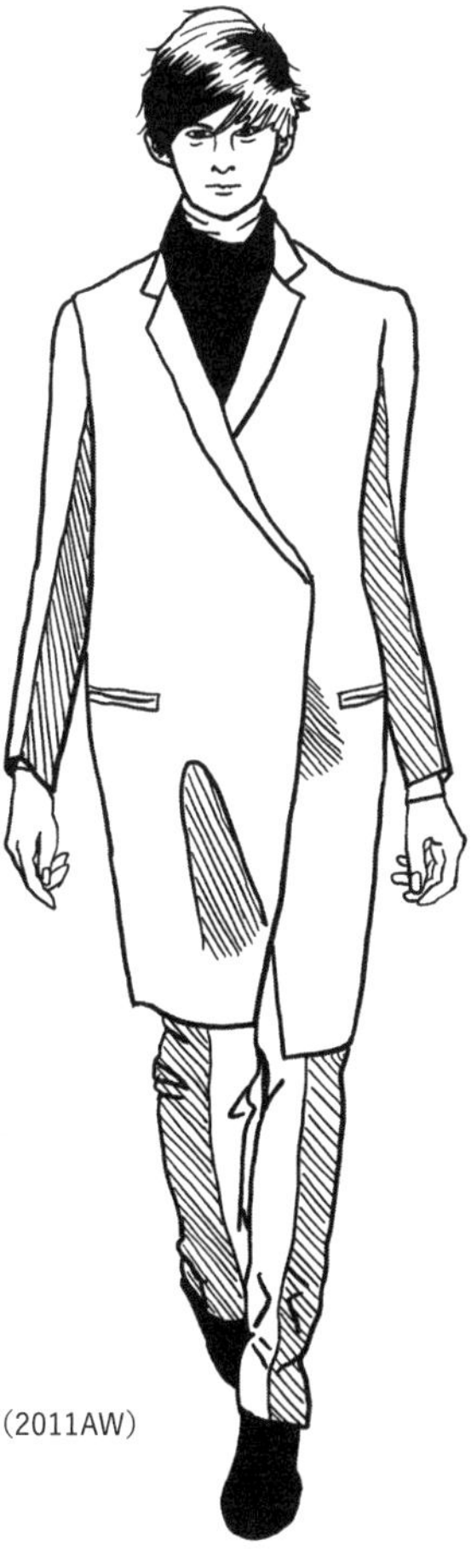

CELINE（2011AW）

KENZO（ケンゾー）

デザイナーである高田賢三は１９３９年、兵庫県姫路生まれ。デザイナーは日本人ですがブランドの創業はフランスなので、フランスのブランドとして紹介させていただきます。

高田賢三の実家は、姫路の花街にある「浪花楼」という待合を営んでいました。服飾には早い段階から興味を持ちましたが、当時は近くに男子を受け入れる服飾学校がなく、神戸市外国語大学へ進学。その後中退し、文化服装学院へ入学しました。彼が在学した年は「花の９期生」と呼ばれ、松田光弘、コシノジュンコ、金子功、北原明子らが同期にいました。

１９６５年にはパリへ渡り、１９６９年に「ジャングルジャップ」というショップをオープン。翌年の１９７０年には、パリ・コレクションでのデビューを果たしました。

当時のパリはちょうど、プレタポルテの波が来ていた時代です。高田賢三はイヴ・

サンローランらとともに、**70年代のプレタポルテの流れを牽引した代表的な人物と**しても知られています。多くのデザイナーがオートクチュールからプレタポルテへ移行するという経験をした中、高田氏は最初からプレタポルテのデザイナーとして出発した人物でした。

当たり前ですがコレクションとは、服を見てもらうために発表するものです。昔はそういった考えが今より強く、近年のコレクションのように派手な演出を入れたり、セレブをガンガン呼ぶなんてことはありませんでした。コレクションの発表に、エンタメ性は特に必要ないと考えられていたのです。

しかしそんな中ケンゾーは、当時から美しく派手なショーを行ったブランドでした。**現代的な「魅せる」ための演出をショーへ取り入れた、パイオニア的な存在**なのです。

このことからも分かるかもしれませんが、ケンゾーは柄使いからシルエットに至るまで、割と**派手で大胆な服作りをするブランド**です。ケンゾーがデビューしたのは、

高田賢三
(1939-2020)

前述の通り70年代のパリコレ。当時のモード界で発表されるコレクションは、どうしてもカチッとしたデザインが主流でした。そんな中で挑戦的な発表を続けたケンゾーは、どんどん評価を獲得していきます。めちゃくちゃカッコいいスタンスですよね。

加えてケンゾーがすごかったのが、ただ奇をてらっただけのブランドではなかったという点です。**尖ったデザインをしながらも、その根っこの部分にはきちんと、モードの伝統に対するリスペクトがありました。**

２０００年春夏コレクションを最後に、高田賢三はケンゾーから引退。その後デザイナーを務めたウンベルト・レオンとキャロル・リムが生み出した虎のマークは、現在もブランドのアイコンとして有名です。

そして２０２０年10月、新型コロナウイルス感染症による高田賢三の訃報は、全世界を驚かせました。現在、ブランドのアーティスティックディレクターにはＮＩＧＯ氏が就任しています。

LOEWE（ロエベ）

※41 スペインは革産業に強く、なかでもスペインラムは最高級品として知られています。ロエベとは直接関係ないですが、エントロフィーノというラム革がありまして、その質の良さに大変驚いたことがあります。

古くから続くメゾンには、大きく分けて2つの種類があります。ひとつはディオールやバレンシアガのように、昔ながらの服作り＝クチュールで支持を得てきたブランド。そしてもうひとつが、レザー、つまり革製品を背景に持つブランドです。具体的には、ルイ・ヴィトンやエルメスが該当します。

ロエベは後者で、**元々は革製品の製造を行っていたスペインの高級ブランド**でした。[※41]創業は1846年と、かなり歴史のあるブランドです。

当初は財布や小物入れといったレザー製品に特化しており、1905年のスペイン国王、アルフォンソ13世の頃から王室御用達となり、長く愛され続けてきました。特に有名なのはナッパレザーと呼ばれる、非常にやわらかい質感のレザー。牛革が使われることもありますが、やはりメインはラム革ですね。

ナッパアイレというロエベの代表的なモデルのバッグがあったのですが、2014年に廃盤になってしまったようです。

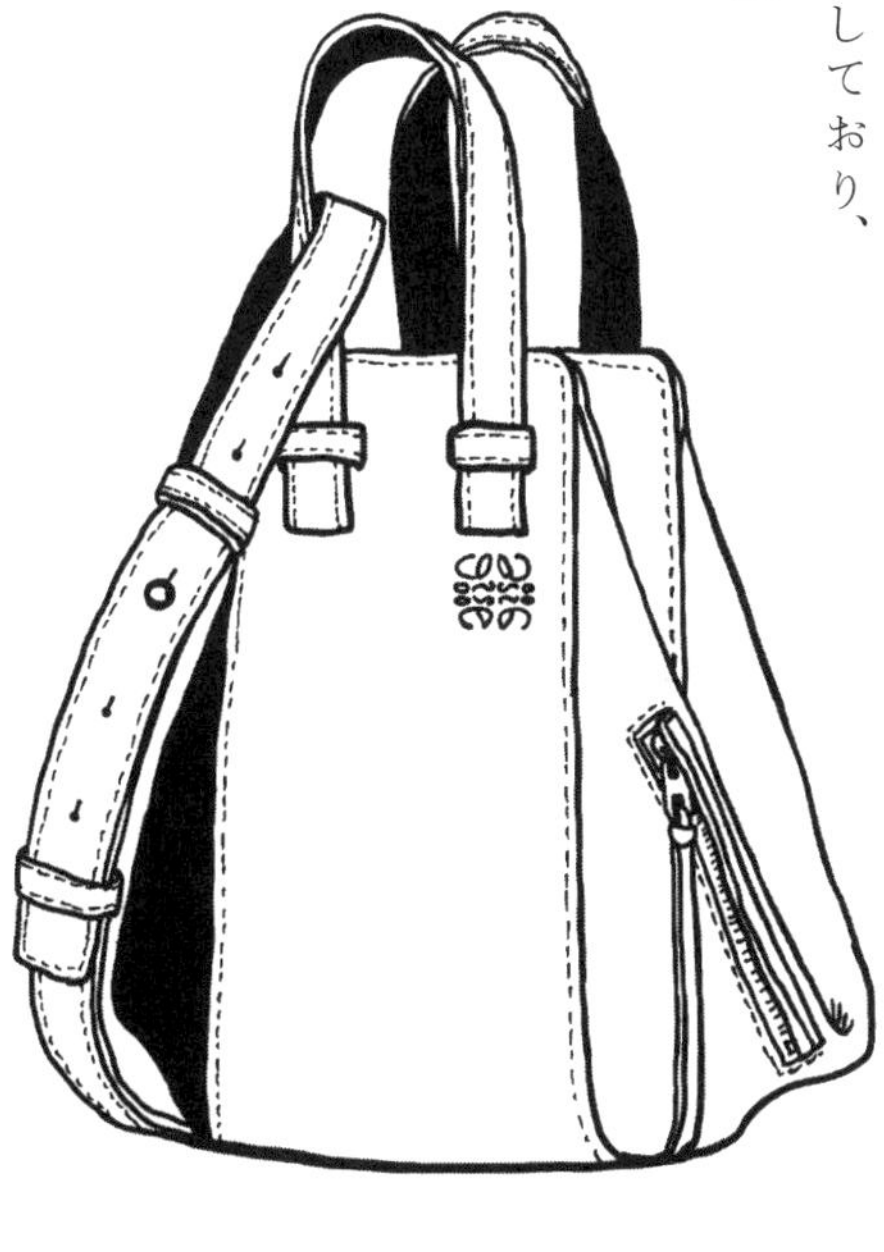

LOEWEの定番バッグ
「ハンモック」

２０１３年よりＪＷアンダーソンのデザイナーとしても知られるジョナサン・アンダーソンがクリエイティブディレクターを務め、ロエベはまたひとつ大きく、面白いブランドへと変化しました。彼もまたすごく面白いデザイナーなので、後ほど詳しくご紹介しましょう。

2000年代

モード界に起きた革命

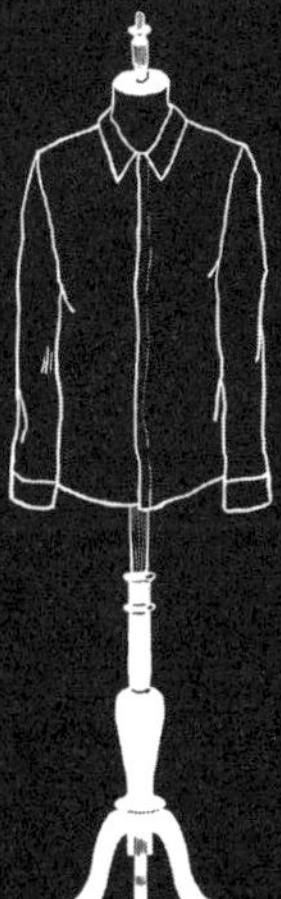

サンローランの引退

２００2年。

モード界のレジェンドが、健康上の問題を理由に引退を発表します。

イヴ・サンローランです。

彼は同年1月に発表した最後のオートクチュールコレクションで、次のような言葉を残しました。

「モードは若い人によって作られるべき。たとえ、それが不出来なものだったとしても」

サンローランの引退後、モードの中心へと躍り出ることになったのは、まさしく彼のもとで働いていたとある若者でした。

60年代の章でご紹介した、サンローランがパリにオープンしたブティック「イブサ

ンローラン リブ・ゴーシュ」で働いていたその若者は、2000年代のファッションを大きく動かしていくこととなります。

彼の名前は**エディ・スリマン**。

まずは彼についてお話ししていきましょう。

エディ・スリマン

エディ・スリマン。

彼は**2000年代モードを象徴するデザイナー**である、と言い切ってしまって問題ないでしょう。

1968年、フランスに生まれたエディ・スリマンは、官僚を輩出するようなフランス屈指の名門校・グランゼコール出身で、卒業後はエコール・ド・ルーブル（ルーブル美術学校）で美術史を専攻しました。

そんな彼が服を作り始めたのは、16歳の頃。自分の細い体型にフィットする服がないからという理由で、独学で服作りを始めたそうです。ギャルソンの川久保玲と同じように、しっかりとした服飾の教育は受けていないんですね。

時は流れて2000年。その才能を買われイヴ・サンローラン・リヴ・ゴーシュのアーティスティックディレクターを任されていたエディでしたが、サンローランは旧グッチグループに買収されることになってしまいます。[※42] これに伴い、エディはブランドを去ることになりました。

その翌年である2001年、エディはクリスチャン・ディオールのメンズラインである「**ディオール・オム**」のクリエイティブディレクターに就任します。ディオール・オムは、2001年にスタートした非常に新しいラインでした。[※43]

エディ・スリマンはこのディオール・オムという新鋭ブランドで、大革命を起こ

エディ・スリマン
(1968-)

します。

彼が提案したのは、**ロックを背景に持つ、細身でストイックなスタイル**でした。黒のテーラードジャケットやパンツ、ナロータイ（細いネクタイ）……とにかくすべてがタイトなんです。当時新鮮だったこのスタイルは、幅広い層から支持を受けました。中でも**代表作といえるのが、黒のスキニーパンツ**です。

エディが提案する細身のスタイルは、正直言ってかなり着る人を選びます。体型によって似合う／似合わないはどうしてもありますし、そもそもサイズ的に入らないというケースも少なくありません。**彼の服を着こなすためには、相応の努力をしなければいけませんでした。**

モードの帝王と呼ばれるデザイナー、カール・ラガーフェルドは、ディオール・オムのパンツを穿きたいがために無茶苦茶なダイエットをしたという逸話も残っています。

逆に言えば、彼が作る服にはそれだけの魅力があるということです。ただ細身というだけでなく、そこには**若者特有の繊細さや、独特の色気が表現されている**んですよね。

エディ・スリマン率いるディオール・オムは、2007年秋冬シーズンをもって終

※42 サンローランは旧グッチグループに、オートクチュール以外の全部門の権利を7000万ドルで売り渡しました。当時はちょうどブランドコングロマリットが活発化していた時期で、ブランドの買収合戦も盛んに行われていたのです。

※43 エディ・スリマンの就任以前、ディオールのメンズラインには「ディオール・ムッシュ」と呼ばれる別ラインが存在していました。

了します。後任はクリス・ヴァン・アッシュというベルギーのデザイナーが引き継ぐことになりました。[※44]

エディはしばらくファッション業界から退き、フォトグラファーとして活躍したのち、2012年には再びサンローランのクリエイティブディレクターに復帰しました。当時人気が低迷していたサンローランは、ブランドの復活をエディに託したのです。これも結果的に大成功を収め、エディは2016年秋冬までの7シーズン活躍しました。

2018年。サンローラン↓ディオール↓サンローラン……というようにブランドを行き来してきたエディは、この年にセリーヌのクリエイティブディレクターに就任します。このニュースは話題になりましたし、記憶に新しい人も多いはず。

エディ・スリマンの打ち出すクリエイションは時に、**ブランド自体を食ってしまうほどのカリスマ性**がありました。サンローランの時も、セリーヌの時もそうですが、

「これではただのエディ・スリマンのブランドだ」

「自分の色を出したいだけなら、自分のブランドでやってくれ」

※44　エディ・スリマンが作った潮流は、日本でも2005年前後くらいに徐々に浸透し始めました。特にファッション感度の高い男性に好まれ、彼らは俗に「ディオールオム男」と呼ばれていたそうです。

といった類の批判も少なくありませんでした。特にセリーヌの時は、顕著だったかもしれません。

デザイナーの個性もここまで稀有であると、諸刃の剣となってしまう部分もあるということなのでしょう。しかし一方で、それがカリスマ性やカッコよさに繋がっているのもまた事実です。

エディ・スリマンの巻き起こした「タイトシルエット」というトレンドは、ファッション業界を大きく変えました。そしてその流れは、「定番」として根付くまでになったのです。現在、ファッションはビッグシルエットが主流となっていますが、それ以前には「とにかく細身が正義！」とされていた時代が、確かにありました。

当時はオシャレの定番といえばまず、黒スキニーパンツ。誰しもが一本は持っていたといっても過言ではありません。それだけ世間に広く

CELINE（2019SS）

受け入れられていた服、その大きな潮流の原点となったのが、エディ・スリマンだったのです。

ランバンを救った男 アルベール・エルバス

エディ・スリマンと比べると少し知名度は落ちるかもしれませんが、彼と同時期にサンローランを去ったデザイナー、**アルベール・エルバス**もまた、2000年代のファッション業界における重要人物です。

アルベール・エルバスは1961年生まれ。父がイスラエル人、母がスペイン人で、モロッコ出身、イスラエル育ちのデザイナーです。

彼はサンローランを離れたのち、2001年にLANVIN（ランバン）のデザイナーに就任しました。※45

ランバンといえば数あるフランス・パリのブランドの中でもひときわ歴史の長いブ

※45 ランバンには「LANVIN en Bleu」「LANVIN COLLECTION」という日本向けのライセンスブランドが存在しますので、そちらをご存知という方も多いかもしれません。

ランドのひとつ。創業はなんと１８８９年です。小さな帽子店から始まったランバンは、繊細さと女性らしさを強調したスタイルが評判を呼び、ブランドの規模をどんどん拡大していきました。

しかし当時エルバスは、ランバンについてほとんど何も知らない状態だったそうです。彼が就任した当時、ランバンの人気はかなり低迷していたタイミングだったので、無理はないのかもしれません。

エルバスはそんなランバンの再建を任され、見事その役目を果たします。これを受け、彼は２０１５年までの約15年間、ランバンのアーティスティック・ディレクターを務めることとなりました。※46

その後２０２１年、エルバスはリシュモングループとパートナーシップを締結し、「AZファクトリー」という新ブランドを設立します。しかし同年の4月、突如彼の訃報が報じられます。死因は新型コロナウイルスによるものだったそうです。

ランバンに関するトピックで言うと、２０２２年春夏よりクリエイティブディレクターに祐真朋樹氏を迎えたことも話題になりましたね。有名スタイリストである彼自身、ブランドを本格的にディレクションするのは初めてだそうです。商品や内装まで

※46 ランバンのメンズラインをほぼゼロから確立した「ルカ・オッセンドライバー」という人物も、かなり有力なデザイナーです。自分の周りにも「ルカの時代のランバンは見ておいた方がいい」と推す人が多かったですね。彼の作る服は割とシンプルなんですが、シンプルなデザインほど、カッコよく見せるのは難しいものです。

かなり本格的に準備をしているようで、今後の動向が気になるブランドのひとつです。

エルメスのマルジェラ期

90年代にモード界を席巻したマルタン・マルジェラですが、実は1997年から2003年までの間、彼はとあるブランドのデザイナーを務めています。誰もが知るフランスの老舗メゾン、HERMES（エルメス）です。マルタンが担当したのは、レディースのプレタポルテのデザインでした。

この時期に発表された服のことを「エルメスのマルジェラ期」、略して「マルエル」なんて言ったりします。2010年代後半頃から認知度が上がり、現代でも変わらず人気の高い服です。

まずはエルメスというブランドについてご紹介しましょう。本書では主に戦後からの歴史を扱っているため、ここまで触れられていませんでした。

※47 この方向転換には、戦争も少なからず影響しています。男性が戦争へ行ってしまうと、女性たちも外に出て働くようになります。そうすると絹や羅紗といった素材よりも、丈夫な革製品が好まれるようになったのです。

エルメスは1837年に創業したフランスのブランド。

創業者はティエリ・エルメスという人物で、最初は高級馬具を製造する工房として開業しました。老舗メゾンによくある、レザー製品から派生したタイプのブランドですね。

エルメスは数ある老舗メゾンの中でも格式がひとつ上で、**「エルメスこそファッションブランドの最高峰だ」と位置付ける人も多い**ですね。その理由を言語化するのは結構難しいのですが、例えば、**長い歴史と伝統。最高品質の素材と熟練の職人による手仕事によって作り出される最高峰のクオリティ。そして王族や貴族を筆頭に、様々なセレブリティに愛されてきたという背景**……と、こんなところでしょうか。

エルメスはキングではなくエンペラー。そんなイメージです。

エルメスが馬具メーカーからの方向転換を図ったのは、1900年頃[※47]。当時アメリカではT型フォードが発売され、馬車から自動車への移行が徐々に進んでいた時期でした。これを受けエルメスは、近い将来馬具は廃れることを予想し、バッグや財布などの革小物の製造に力

愛され続ける
エルメスの「バーキン」

を入れはじめます。

この時代に作製されたバッグは、形を変えて現在でも愛されています。最も有名なのは、やはり**「バーキン」**でしょう。これは馬の鞍を入れるため、1892年に発売した鞄「オータクロア」を原型としたバッグで、俳優のジェーン・バーキンの名前から取ってその名が付けられました。

革製品以外にも、絹のスカーフである「カレ」、船の錨の意味を持つ「シェーヌダンクル」というアクセサリーなどなど、エルメスの代表的な商品はいろいろありますね。※48

さてこのように、エルメスはその格式もクオリティも頭ひとつ抜けた、頂点とも言えるブランドです。それに対しマルタン・マルジェラは、アンチ・モードを掲げる前衛的なデザイナーでした。

そのため、この両者が交わるというニュースは世間に大きな衝撃を与え、当時の新聞には「神のもとに悪魔が」「エルメスと謎の男」「ベルギーの反逆児、老舗と共闘」など、結構いろいろと書かれたそうです。

※48 他にも、1935年に発売した「サック・ア・クロア」も有名です。こちらはアメリカの俳優からモナコ公国の公妃となった「グレースケリー」の名前から取って、1956年より「ケリー」という商品名で発売されました。

マルジェラ期のエルメスで最も有名なのは、**「ヴァルーズ」**と呼ばれるアイテムです。着脱するときに髪の毛が乱れてしまわないように大きく開いたフロントが特徴。かなり大胆なデザインですよね。

一時期は「ヴァルーズを参考にしたんだろうなぁ」という服を、ちょくちょく見かけることもありました。ただあまりに元ネタが有名になってしまったためか、「ただのパクりだ」と揶揄されてしまうことも多かった印象があります。

日本の状況

エディ・スリマンの登場をはじめ、さまざまな動きがあった2000年代のファッ

ざっくりと開いたフロントが特徴的な「ヴァルーズ」

ション業界。

その一方で、遠く離れた日本ではどのような動きがあったのでしょうか？

当時の日本のファッションは、よく「コンサバティブ」「リアルクローズ」という言葉で言い表されることが多いです。要するに**保守的で、良くも悪くも大衆受けするようなファッション**ですね。これは80年代のＤＣブランドや、90年代の裏原系のブームを受けた反動とも言えるのですが、バチバチのデザイナーズブランドではなく、より無理のない日常着が主流となっていったのです。

しっかりとした作りの男性向けアイテムを取り上げ、「10年選手」「一生モノ」なんてワードがメディアに出てくるようになったのもこの頃ですね。

また、バブル経済が崩壊し、後に「失われた10年」とも言われる長期の不況に見舞われた日本では、いわゆる「メリハリ消費」を心掛ける人も増えました。日常着は安いもので済ませるけど、財布やバッグだけはルイ・ヴィトン……みたいなパターンの消費を指して、こう言います。

加えて、当時はまだ強い影響力を持っていたファッション雑誌にも変化がありました。読者モデル、通称「読モ」の誕生です。プロのモデルではなく、一般の方が読者の代表としてモデルを担当する読モ。今では聞かなくなった言葉ですが、この頃は絶大な人気を誇っていました。

……とここまでが、一般的な「ファッション」を取り巻く動きです。

しかしその一方で、**日本の「モード界」が動きを止めていたわけではありません。**２０００年代は、日本の新鋭ブランドがどんどん海外へと進出していった時代でもあります。まずは代表的なところを２つご紹介しましょう。

kolor（カラー）

カラーは２００４年、デザイナーである阿部潤一によって立ち上げられたブランドです。

阿部潤一は１９６５年生まれ、山形県の天童市出身。実家は呉服店で、小さな頃から常に反物が身近にあったそうです。文化服装学院にてアパレルデザイン科を専攻し、卒業後はコム・デ・ギャルソンをはじめとするいくつかのアパレルメーカーを経て、２００４年に独立しました。

と言ってもカラーが自身にとって初めてのブランドだったわけではなく、１９９４年には阿部氏を含む４人で立ち上げた「ＰＰＣＭ」というブランドがあり、10年ほど活動していました。このブランドの解散と同年に、カラーを始動したという流れですね。

阿部氏は**「素材の魔術師」**という異名を持つデザイナーで、**異なる素材をつなぎ合わせたパッチワークやドッキング**を得意としています。ナイロン×ニット生地など、普通ではあまりやらないような組み合わせを積極的に取り入れる人なんです。

カラーは国内で確固たる地位を築いた後、２０１２年秋冬よりパリコレクションへ参加しました。ランウェイでの発表は海外でも高い評価を得ていたのですが、

Kolor（2021-2022AW）

２０１７年awを最後に一時ショーを中止。その後２０２３春夏より、５年半ぶりにパリにてショーを再開させました。

カラーのアイテムの中で名作と名高いのは、やはりパッカリングパンツでしょう。その名の通り、サイドに入ったパッカリング（縫い目によってできるシワ）が特徴です。パッカリングを大胆に取り入れることで、**敢えていびつなシルエットを作り出しているこのパンツは、通称「ブサイクパンツ」とも呼ばれています**[※49]。

カラーを買うならまず何がオススメかと聞かれたら、僕はまずこのパンツを推します。他にも「クリノジャケット」と呼ばれるカーディガンも有名で、これもまたオススメのアイテムですね。

Sacai（サカイ）

サカイは１９９９年、デザイナーの阿部千登勢《ちとせ》が設立したブランドです。

ブランドコンセプトは、日常の上に成り立つデザイン。有名な話ですが、彼女はカ

※49 不細工パンツという呼び名を付けたのは、現在ユナイテッドアローズで「上級顧問クリエイティブディレクション」を務める栗野宏文氏なんだそうです。

ラーの阿部潤一氏と夫婦であることで知られていますね。サカイがカラーと合わせて紹介されたり、2つのブランドを一緒に並べるセレクトショップが多かったりするのはそのためです。両ブランドとも異素材のドッキングを使うため、服の雰囲気も通ずる部分が多いですね。※50

阿部千登勢は1965年岐阜県生まれ。名古屋ファッション専門学校服飾科を卒業後、大手アパレル企業「WORLD」に入社し、その後1989年にコムデギャルソンへ入社します。ギャルソンでは主に、パターンとニットウェアの企画を担当していたそうです。潤一氏とはこのタイミングで出会っており、1997年には結婚、出産を機に退社。育児に専念する道を選びました。

Sacai（2021SS）

その後、彼女がブランドを設立するきっかけとなったのも、夫である潤一氏に背中を押されたことが大きかったそうです。育児の傍ら制作された5型のニットから、サカイの歴史はスタートしました。

サカイは2011年秋冬よりパリ・コレクションへ参加します。カラーと比べ一足早い参加となり、このタイミングで東京・南青山に旗艦店も出店しました。

ギャルソンやヨウジに続く、日本を代表するブランドはどこか？

この話題は時折目にしますが、現在の国内ブランドの中でサカイは頭ひとつ抜けているのではないでしょうか。**毎シーズンのクオリティはもちろん、それに伴う世界的な注目度も、どんどん上がってきている**印象があります。

近年、サカイの服は得意のドッキングを前面に押し出したデザインというよりも、シンプルな服が増えてきています。しかし、それらのアイテムもよく見ると、テクニカルな作りのものが多いんですよね。最近のサカイはシンプルになった……というよりも、**デザインの引き出しが増え、ブランドとしてもう一段階広がりを見せた**と言った方が正確かと思います。

また最近ではナイキやカーハート、モンクレールなど、ビッグブランドとのコラボも話題ですね。

※50 ブランド名であるサカイは阿部千登勢氏の旧姓で、これも潤一氏のアイデアなんだそうです。本来であればColor、Sakaiという綴りになるはずですが、両ブランドで一文字ずつ交換しあってKolor、Sacaiとなっています。このあたりは、特別なパートナーならではのエピソードだなと思います。

ますます目が離せないブランドだと思います。

ドメスティックブランドの独特な進化

海外で評価される日本のブランド（ドメスティックブランド）はどれも、**「古き良きモード」という伝統に囚われない服作りをしている**傾向があります。80年代の「黒の衝撃」なんて、まさにいい例ですよね。ギャルソンやヨウジは欧米のモードがそれまで培ってきた「美の感性」とはかけ離れた服を提案し、物議を醸したわけです。

カラーやサカイにも、これと似た傾向があります。

いずれもアイテムのドッキングや、異素材の組み合わせ、特殊な素材使いなどが特徴のブランド。この感性もまた、欧米の服にはない新しいファッションでした。

日本は元々和装をしていたわけですから、洋服文化の歴史は欧米に比べ圧倒的に短い国です。そんな**遠く離れた島国で独自に解釈され、ある種いびつに進化してきた「洋服」の文化**は、欧米諸国にとって新鮮に映るのでしょう。このあたりは、ファッション以外の分野にも言えることかもしれませんね。

また日本は、そういった尖ったファッションが受け入れられやすい環境であるなとも思います。日本人は目立たず、みんな一緒であることを好む……みたいに揶揄されることもありますが、少なくともファッションにおいてはそこまで排他的ではないんじゃないでしょうか？

ゴスロリファッションの子が普通に歩いている光景は、海外の人からすると結構衝撃らしいです。

もうひとつ、これは個人的に面白いなと思っているのですが、日本の「服好き」「ファッションオタク」と呼ばれるような人たちは、**いわゆる「モテ」を意識した服を否定する傾向**があります。

モテるためにオシャレをすることは、カッコ悪い。SNSなんかを見ていても、そういう価値観を持っている人が多いと思いませんか？　日本で個性的な服が受け入れられやすいのは、こうしたマインドが根底に流れていることもひとつの要因ではないでしょうか。もちろん、否定するつもりはありませんよ。僕自身、心当たりが無いわけではないですからね……。

さて、カラーやサカイについての話が出たところで、同じく2000年代に注目を浴びた日本のブランドをもう少しだけご紹介させてください。どれも個性的で、面白いブランドばかりです。

N-HOOLYWOOD（エヌハリウッド）

デザイナーの尾花大輔は1974年、神奈川県生まれ。ファッション専門学校を中退後、古着屋「VOICE」でバイヤーを経験し、1995年には「ゴーゲッター」という古着屋の立ち上げに参加します。その後、2000年に独立するという流れです。古着の買い付けをハリウッドで行っていたことがきっかけで、尾花氏自身はミスターハリウッドと呼ばれるようになります。彼の経営する会社はまさしく「**ミスターハリウッド**」というのですが、これが由来というわけですね。元々は古着や、そのリメイク品も取り扱っていました。

エヌハリのデザインについて、特に初期は「ザ・アメカジ」という感じの服作りが特徴です。**「ねじれデニム」**という、その名の通りねじれたデザインのデニムがあったのですが、これは当時めちゃくちゃ欲しかった記憶があります。また、ミリタリーアイテムに着目し「軍の正式採用に発展していくためのテストプロダクト」というコンセプトで展開している「TEST PRODUCT EXCHANGE SERVICE」というラインは、そのコンセプトも含めてすごくかっこいいなと思います。

JOHN LAWRENCE SULLIVAN（ジョンローレンスサリバン）

デザイナーは柳川荒士。１９７５年生まれの彼は、元フライ級のプロボクサーと

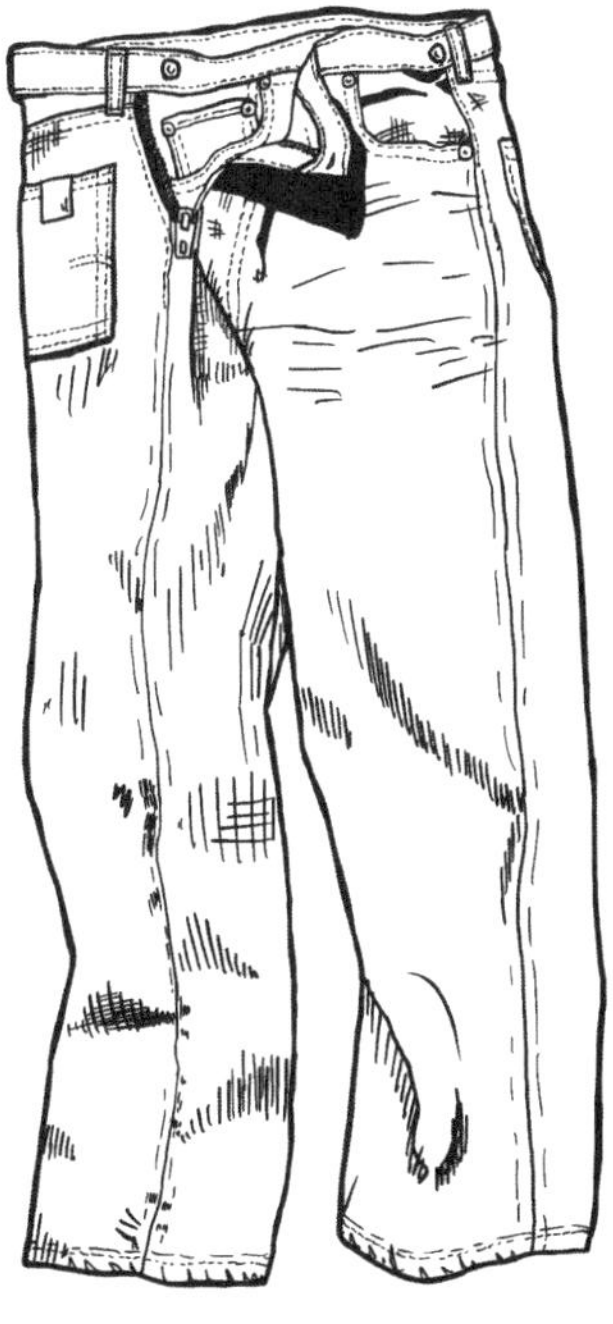

N-HOOLYWOOD
「ねじれデニム」

いう、ファッションデザイナーとしてかなり異色の経歴を持つ人物として知られます。あの具志堅用高にその腕を見込まれ、ボクサーを目指すようになったんだそうです。

ブランドを設立したのは２００３年のことで、ブランド名であるジョンローレンスサリバンは、伝説のボクサーの名前が由来となっています。

その後、２０１１秋冬シーズンよりパリコレクションへ参加。

サリバンといえば、テーラードジャケットをはじめとする、テーラー技術（紳士服の仕立てのことです）を用いたアイテムが有名ですね。またその他にも、**ジップデニムパンツなど、ブランドのアイコン的なアイテム**も人気が高いです。

直接の面識はないですが、服作りに対してめちゃくちゃ熱い気持ちを持った人だ

JOHN LAWRENCE SULLIVAN
(2017-2018AW)

と聞いたことがあります。

Maison MIHARA YASUHIRO（メゾンミハラヤスヒロ）

メゾンミハラヤスヒロは1996年にスタートしたブランド。**創業当時はシューズブランド**でした。

デザイナーはブランド名の通り三原康裕。1972年、福岡県生まれの人物です。母は画家だったそうで、幼少期から絵をよく描いていたのだとか。その影響もあってか、1993年に多摩美術大学に入学。在学中に革の鞣《なめ》しについて学び、1996年、靴メーカーのバックアップもあり「archidoom」というブランドを設立しました。これがミハラの前身となります。

ブランド名を変更したのは、大学を卒業した1997年。「MIHARAYASUHIRO」という名前でやっていました。当時はまだ頭にMAISONはついていないんですね。

ミハラといえば金属の上にレザーをかぶせて炙り出した、**「炙り出しレザー」**というシリーズが一番有名じゃないでしょうか。**これを実現させてしまう技術力とこだわりもさることながら、その発想力には本当に驚かされましたね。**

また2002年にデビューしたPUMA by MIHARAYASUHIROも大きな話題となりました。


ミハラがシューズ以外のウェアをやり始めたのは、1999年からでした。細かいギミックの効いた彼の服は、当時から非常に評判が良かったです。


個人的な思い出を語るなら、ジーンズによく使われるファイブポケットをぶった切って、ひとつのポケットとして繋げてしまうジーンズがありまして。それがとにかくかっこよかった記憶があります。当時の上司が、よく穿いていました。

ブランドが現在の「メゾンミハラヤスヒロ」にリブランディングされたのは2016年秋冬のことで、従来の「ミハラヤスヒロ」は、ベーシックラインに位置づけられました。

2021年に登場したGUとのコラボも話題になりましたね。このあたりはご存知の人も多いんじゃないでしょうか。

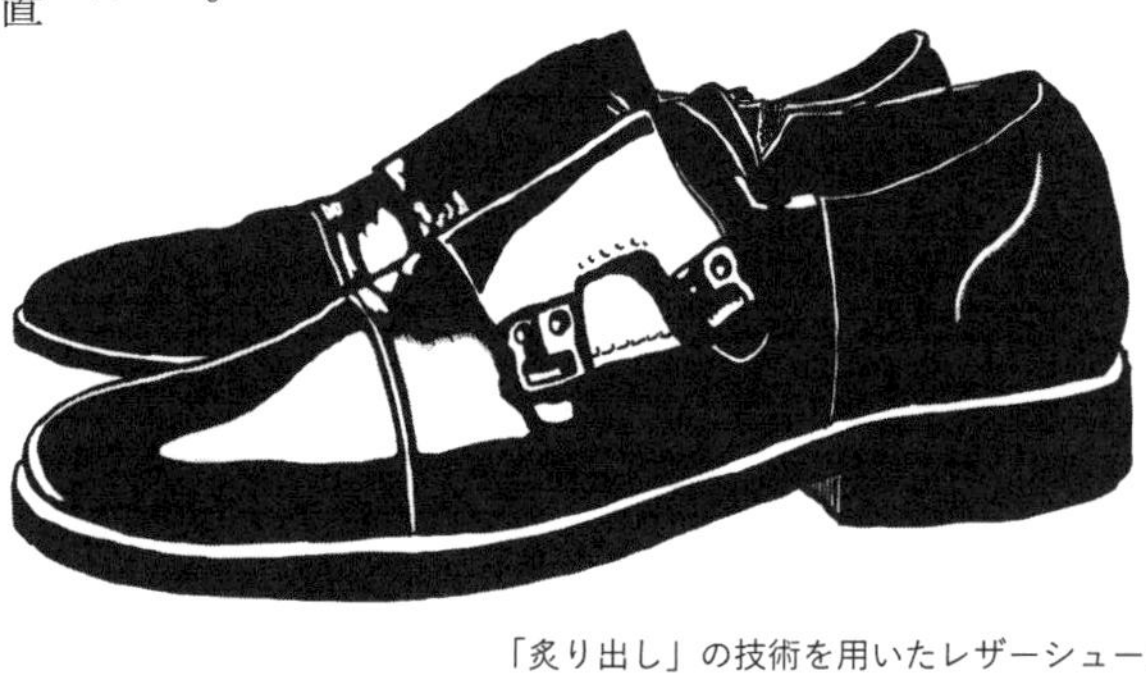

「炙り出し」の技術を用いたレザーシューズ

ファストファッションの流行

２０００年代も後半に差し掛かったころ、いわゆる**「ファストファッション」**と呼ばれる業態が台頭し、世間の注目を集めるようになっていきました。

ファストファッションとは、早くて安いファストフードになぞらえて作られた言葉ですね。

定義はいろいろですが、具体的には「ユニクロ」「ＧＵ」「ＺＡＲＡ」なんかが有名です。これらの商品に関しては、買ったことがない人の方が珍しいのではないでしょうか。それだけ、私たちの生活に根付いたブランド群だと思います。[※51]

トレンドファッションを低価格で生産し店頭に並べ、短いサイクルで回していく。

ファストファッションがアパレル業界へもたらした影響は、とても大きなものでした。

この業態がもたらした最も大きな功績は、「安いものはダサい」というイメージを**「安い服でもオシャレはできる」**に変えたことにあります。ファストファッションが

※51　２００８年9月、銀座の中央通りにスウェーデンのブランド「H&M」が日本初上陸。オープン時には大行列ができ、これをきっかけに日本でファストファッションブームが到来したとされています。ちなみに狭義では、ユニクロはファストファッションではないという見方もあります。

登場したことで、「モード」は安く手に入れることができるようになりました。「ただの使い捨てだ」「服をインスタントに消費するな」という批判もありますがそれ以上に、気軽に「オシャレ」を届けることができるファストファッションの力は、業界の発展という面において、歓迎すべき点も多いように思います。※52

※52 もちろんその一方で、環境問題や雇用問題など、向き合っていくべき課題が表面化してきていることもまた事実です。

2010年代〜現代

モードとストリートの遭遇

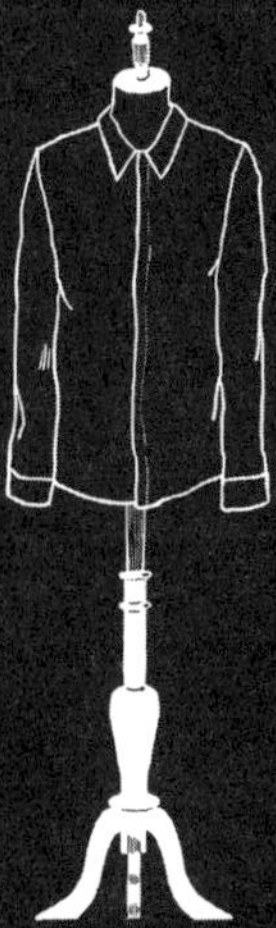

ファッション史における「現代」

この本もいよいよ最終章、現代まで辿り着きました。

従来の「ファッション史」に関する本というのは、現代についてあまり多くは触れないことが多いです。触れてもほんの少しだけ、おまけ程度なんてことも少なくありません。しかしこの本では、**現代についてもしっかりとボリュームを割いて語る**ことを心掛けました。

現代の服好きの皆さん、ファッションに興味がある皆さんが、最も興味がある時代はいつかと聞かれたら、それはやはり現代でしょう。であれば当然、力を入れるべきなのは現代の章なのではないか？　本書の構成には、そんな意図があります。「ファッション史」というカテゴリとしては少々いびつなのかもしれませんが、これはこれで正しい形なのではないかと、僕は思います。

２０１０年代に起きた大きな変化。

SNSの台頭は、まず間違いなくそのひとつに数えられるでしょう。

ブログから始まり、Twitter（X）、Facebook、Instagram、YouTube……。今では当たり前となったこれらの媒体が、本格的にアパレルのマーケティングに使われ始めたのは、この年代に入ってからのことです。それと同時に、ファッションに特化したインフルエンサーや、YouTuberなんかも登場してきましたね。何を隠そう、僕もそのひとりです。

誰もが簡単に情報を発信できるようになった現代において、**オンラインショップもまた、その存在感を示すようになりました。**

日本のアパレルにおけるオンラインショップは、2004年にサービスを開始した「ZOZOTOWN」をきっかけに広く知られるようになっていきます。

しかしアパレル業界は当初、インターネットで服を売るということに対して、かなり後ろ向きでした。

「インターネットで服を買うなんて、どうなんだ？　カッコ悪くないのか？」

「ブランドの格式を、下げてしまわないか？」

「うちは店舗を重視しているから、オンラインショップはやらない」

……と、このように考えるブランドが多かったのです。

気持ちはわからなくもないですが、現代においてこの感覚はほとんど無くなってしまったと言っていいでしょう。

ファッションブランドがブランディングに失敗するということは、そのブランドの死とほぼ同義です。そのため世界観作りやイメージ戦略に関して、人一倍気を使っているところが多いんですね。※53

例えば、あなたがセレクトショップを開くとしましょう。

「そちらのブランドをお店で取り扱いたいんですが……」

と打診すると必ずと言っていいほど、

「他にはどんなブランドさんを扱っておられますか？」

と聞かれます。

これは要するに「どのようなブランドと横並びで販売されるのか？」というのを気にしているわけです。

逆にブランドからセレクトショップへ「ウチの商品を置いてくれませんか？」と営業をかける場合でも、自身のブランドイメージに近い物を取り扱っているセレクト

※53 飲食関係の仕事をしている方に、こんなことを言われたことがあります。「飲食店はな、仮にすごく儲かってないっていたとしても、全然儲かってないって言うねん。でもアパレルブランドは、儲かってなくてもみんな儲かってるって、見栄を張るよな」……確かにその通りです。アパレル業界において《売れてる》というイメージは、（本当であれ嘘であれ）かなり重要ですからね。

ショップに営業をかけます。

昨今、大手セレクトショップのセレクト品は「どこも同じようなものを取り扱っていて違いが分からない」と揶揄されることがありますが、これは個人のセレクトショップもそう変わりません。**同じ系統のブランドが自然と集まってくる**わけですから、結局はどうしても似たような取り扱いになってしまうんですよね。AURALEEの服が置いてあるショップには、大体COMOLIも一緒に置いてあるものなのです。

少し脱線しました。

オンラインショップの話に戻りましょう。

当初、ファッションとオンラインショップの相性は、あまり良くないとされていました。というのも、当時トレンドを席巻していたのは今のようなビッグシルエットではなく、スキニーパンツをはじめとしたタイトな服。そのため、**オンラインショップに載っている写真と実寸値だけでサイズ感を判断するのは難しかった**のです。

今では大分解消されているかと思いますが、それでもオンラインで買い物をすると「イメージと違った」なんてことは起きがちですよね。

ゾゾタウンが開始した翌年の２００５年、「ナノユニバース」「ユナイテッドアローズ」という大きなセレクトショップがオンラインに参入しました。ただ、これは積極的にオンラインに進出しようとしていたと言うより、あくまで在庫処分を促進するための一つの経路という立ち位置でした。

そんな風向きが変わったのは、２０１１年頃から。世の中がガラケーからスマートフォンへと移行し始めたのです。これに伴い、インターネットで買い物をするという行為が、徐々に当たり前になっていきました。

さらにコロナ禍を経たことも大きな要因になっていると思いますが、現在ではネットで服を買うことに抵抗を感じる人は、かなり少なくなっているのではないでしょうか。

最初は否定的だったブランドも、オンラインで服を売ってもブランドイメージが下がらないと分かると、徐々に態度を軟化させていきました。常に流行の先端を行き、柔軟性があるように見えるファッションブランドですが、**実は本質的には保守的なブランドも結構多い**んですよね。

昔はあれこれ文句を言っていたブランドも、今では自社のオンラインでガンガンセールを打ち出しているのを見ると、時代だなーと思ったりします（笑）。

現在は店舗での売上より、オンラインの売上の方が高いところもあるそうです。

ノームコアとスニーカーブーム

2010年代、ファッション業界を席捲したトレンドとしてまず挙げられるのは、**「ノームコア」**と**「スニーカーブーム」**です。

ノームコアとは、「ノーマル」と「ハードコア」を組み合わせた造語で、ニューヨークのトレンドグループである「K-Hole」が2013年に提唱したことがきっかけで広まりました。**「究極の普通」**という意味を持つ言葉です。

人物で言いますと、スティーブ・ジョブズを想像すると良いでしょう。**イッセイミヤケの黒いタートルネック、リーバイスのジーンズ、そしてニューバランスのスニーカー。**彼はこのノームコアというトレンドの、代表的な人物でした。

次に、スニーカーブームについて。

2014年に復刻したアディダスの「スタンスミス」を皮切りに始まったスニーカーブームですが、これは非常に力のある流行でした。同じくアディダスのスーパースターや、コンバースのオールスターに代表されるようなローテクスニーカーの他、リーボックのポンプフューリー、ナイキのエアマックス95、プーマのディスクブレイズ、といった、**90年代に流行したハイテクスニーカーが再び注目されるようになりました。**

モードとストリートの融合

「ノームコア」を体現する
スティーブ・ジョブズ

「モードストリート」、あるいは**「ラグジュアリーストリート」**と呼ばれるジャンルが流行したことも、同じく2010年代を象徴するトピックです。

ラグジュアリーストリートとはつまり、**高級ブランドのラグジュアリーさと、ストリートファッションが持つカッコよさを融合させたスタイル**です。言葉の意味そのままですね。このムーブメントを代表する、2つのブランドがあります。

Off-White（オフホワイト）

オフホワイトは2013年、イタリアのミラノで創業したファッションブランド。**ラグジュアリーストリートと呼ばれるジャンルの中で最も有名かつ、この潮流の元祖とも言えるブランド**です。

矢を2本クロスさせた「ダブルアローロゴ」というブランドのロゴがあるのですが、見たことがある人も多いのではないでしょうか。一時期の流行は、本当にすごいものでした。他にも**特徴的な赤いタグのついたナイキ×オフホワイトのスニーカー**なんかは、めちゃくちゃ流行りましたね。※54

パリ・コレクションに参加したのは2015年からで、デムナ・ヴァザリア率いるヴェトモンらと共に、現在でも続くビッグシルエットの流れを作った立役者でもあります。このあたりについては後ほど詳しく触れましょう。

オフホワイトは間違いなく時代を牽引したブランドのひとつでしたが、2021年11月、創業者である**ヴァージル・アブロー**の突然の訃報が世間を騒がせました。享年41歳。早すぎる死でした。

ヴァージルが素晴らしいデザイナーであったことは言うまでもありませんが、彼についてもまた、後ほどご紹介させてください。

その後、オフホワイトはしばらくデザイナーチームが主軸となり活動していましたが、2023年には元ファッション編集長のスタイリスト、イブラヒム・カマラを新たにアート&イメージディレクターに迎えました。

※54 ナイキ×オフホワイトのコラボである「The Ten」シリーズは、近年巻き起こったスニーカーブームの中心となったプロジェクトでした。

もちろん全てのブランドがそうだとは言いませんが、オフホワイトが登場する以前のストリートブランドと言えば**グラフィックやロゴに重きを置くことが多く、服のデザイン性や品質で勝負をしているブランドはさほど多くありませんでした。**

デザインはベーシック、生地のクオリティはそこそこで、なんなら粗悪な物もちらほら……正直言って、そういうブランドも結構多かったんです。

そんな中オフホワイトは、**非常にしっかりとしたデザイン・品質のアイテム**を出していました。

そんなの当たり前だと思うかもしれませんが、特に当時のストリートブランドは本当に玉石混交でした。

僕の周りでも「ロゴだけのありきたりなストリートブランドかと思ったら、ちゃんとデザインをして良い服を作っている」なんて言っている人が多かったですね。

ダブルアローロゴがあしらわれたパーカー

Fear of God（フィアオブゴッド）

フィアオブゴッドは2012年にアメリカ・ロサンゼルスで誕生しました。オフホワイトと同時期、このブランドもまたすごい勢いを持っていましたね。

デザイナーはジェニー・ロレンゾという人物で、彼はヴァージル・アブローとも親交が深かったようです。ちなみに父親は、元メジャーリーガーのジェリー・マニエルですね。

カニエ・ウェストやジャスティン・ビーバーといった世界的な著名人が着用したことで注目を集め、フィアオブゴッドは**瞬く間に人気ブランドの仲間入りを果たしました。**

また「ESSENTIALS《エッセンシャルズ》」というラインも、非常に人気が高いですね。これはいわゆる、ディフュージョンラインと呼ばれるラインです。ESSENTIALSというロゴを、街中でよく見かけませんか？　このラインもセレブ層の着用がきっかけで広まり、価格的にも手を出しやすいことから、主に若者の間で流行りました。なんなら現在は、**エッ**

センシャルズを着ている人の方が多く見かけるくらいです。

このように2010年代、モードとストリートが接近するという流れが生まれました。そしてそれに関連して、**ストリートカルチャーを根底に持つ人物を、ブランドのデザイナーとして迎え入れる動きが活発化**していきます。

その皮切りとなったのが、2015年に「**デムナ・ヴァザリア」がバレンシアガのクリエイティブディレクターへ就任した**というビッグニュースです。

デムナ・ヴァザリアがもたらした功績

デムナ・ヴァザリアは1981年、ジョージア（旧グルジア）生まれのファッション

人気の高い
「ESSENTIALS」のパーカー

デザイナー。ジョージアはかつてソ連を構成していた国のひとつで、1991年に独立を果たした若い国です。ソビエト崩壊直後のジョージアは、電気すらまともに普及していなかったといいます。

デムナはアントワープ王立芸術アカデミーの出身で、2006年に卒業後、翌年の2007年に東京コレクションにてデビューを果たしました。意外にもショーのデビューは東京だったんですね。当時は「ステレオタイプス」というブランドをやっていました。

その後2009年よりマルジェラ、2013年からルイ・ヴィトンにてデザイナーとして働き、2014年には弟のグラムと共にヴェトモンを創立、という流れになります。錚々たるビッグメゾンを渡り歩いてますね。

マルタンの退任を経て、次期デザイナーであるジョン・ガリアーノが選ばれるまでの数年間、マルジェラの服作りはブランドのデザインチームが担当していました。

デムナ・ヴァザリア（1981-）

デザインチーム期のマルジェラもまた評価が高いのですが、これはちょうどデムナがチームに所属していた時期でもあります。

デムナ、そしてヴェトモンが残した功績はたくさんあるのですが、中でも大きいのが**「ビッグシルエット」のトレンドを作った**ことです。

エディ・スリマンが作り上げたタイトシルエットというトレンドを、デムナは鮮やかに塗り替えました。

ヴェトモンはデビューコレクションである2015年秋冬の時点から既に、ビッグシルエット、つまり大きな服を提案していました。**ファーストコレクションに登場したオーバーサイズのジャケットやブルゾン**は、今見ると割と普通に感じるかもしれませんが、当時のモード業界にとってはすごく新鮮に映りました。

今まさに流行している……というか、もはや**定番になっているビッグシルエットの潮流は、この時からすでに始まっていた**のです。このシーズン以降、他のブランドも真似して大きめの服を作り始めました。

当時、僕はもうアパレル業界で働いていたのですが、周りの先輩たちが着る服が日に日にデカくなっていったのを鮮明に覚えています（笑）。

２０２４年春夏のコレクションでは、**より極端なオーバーサイズの服**が登場して話題になっていましたね。

服を大きくするというデムナの発想は、元を辿れば彼の幼少期の環境がインスピレーションとなっているそうです。彼が生まれた当時のジョージアは、あまりお金のない国でした。デムナの家も服をたくさん買うことなんてできず、ほとんどは親や兄弟のお下がりであったり、成長しても着続けられるように、わざと大きいサイズの服を買い与えられることが多かったのです。

デムナ、そしてヴェトモンは、ビッグシルエット以外にも挑戦的な試みを多く行っています。**コラボアイテムのみで構成されたコレクションを発表してみたり、急に**

VETEMENTS（2024AW）

物流会社とコラボしてみたり、また別のシーズンではショーの舞台をマクドナルドにしてみたり……。歴史あるモードの「伝統」を挑発するような、とにかく尖ったことをどんどんやるブランドだったんですね。

こういったヴェトモンの姿勢はカニエ・ウェストやセリーヌ・ディオンといったスターたちからも注目され、ブランドの勢いはどんどん増していきました。

そして2015年。デムナ・ヴァザリアはバレンシアガのアーティスティックデザイナーに就任します。これは世間を騒がすビッグニュースとなりました。

バレンシアガの現在について

2010年代後半から現代にかけて、世界で最もホットなメゾンブランドはどこかと聞かれたら、僕はバレンシアガと答えます。そんなバレンシアガがモードを牽引するきっかけとなったのが、2015年にデムナ・ヴァザリアがアーティスティックディレクターに就任したことでした。

デムナの就任は、モードブランドとストリートカルチャーが接近する動きに、さらに拍車をかけました。

先ほど登場したオフホワイトやフィアオブゴッドと比べて、バレンシアガは老舗のメゾンです。**若いブランドがストリートを取り入れるのと、長い歴史と格式を持ったバレンシアガがストリートを取り入れるのでは、やはりワケが違います。**

この出来事は業界全体に衝撃を与え、モードの世界では「ストリート」という要素がより大きな影響力を持つようになっていきました。

デムナ就任直前のバレンシアガは、シンプルでクリーンな服を作っていました。いわゆるメゾンブランドって感じの、品のあるスタイルですね。

そこへいきなり起用されたデムナ・ヴァザリア。ヴェトモンでの活動を見る限り、デビューからいきなりぶっ飛んだことをしたのだろう、と思いたくなりますが、デビューコレクションは意外と大人しめでした。バレンシアガが積み上げてきたものに敬意を払い、その歴史を振り返る――というようなコンセプトの、割とありがちなパターンです。

いわゆる「デムナ節」が出始めるのは、個人的には２０１７年春夏のコレクションからだった印象です。ファーストルックから角ばった大きい形のテーラードジャケットが登場し、「デムナ全開だ！」と思った記憶があります。

デムナがバレンシアガで提案し、影響を与えたアイテムはたくさんあります。中でも爆発的に流行したのが**「トリプルS」**というスニーカーです。

２０１７年の秋冬コレクションで登場し、話題となったトリプルS。

このスニーカーは一見すると、ちょっと野暮ったいシルエットをしています。デムナはこの野暮ったさ、言ってみれば「ダサさ」を敢えて取り入れ、モードという舞台で発表したのです。このように**一般的には「イケてない」とされていたものを取り上げ、カッコ良く仕上げてしまえるデムナのセンス**は、まさに一級品だと思います。このセンスこそが、

BALENCIAGA のトリプル S

デムナのクリエイションの真骨頂だとも言えますね。

トリプルSの登場はその後、「ダッドシューズ＝お父さんが履くような野暮ったい靴」と呼ばれるスニーカーのブームを引き起こしました。

さらに近年では「3xl」や「10xl」と呼ばれる、極端に大きなスニーカーも登場しています。

2019年、デムナ・ヴァザリアは自身が創業したヴェトモンを引退することを発表しました。理由は、バレンシアガのクリエイションに専念するためだそうです。

世界のモードを年々更新し続けるデムナ。今後の動向にも、引き続き注目していきたいですね。

BALENCIAGA（2025SS）

Supreme × Louis Vuitton

２０１７年。ストリートカルチャーがモードに進出してきたことによって、とある有名ブランド同士のビッグコラボが実現しました。**シュプリームとルイ・ヴィトンのコラボ**です。

シュプリームは、１９９４年にアメリカで誕生したストリートブランド。創業者は、ジェームズ・ジェビアというデザイナーです。

１号店はニューヨークのラファイエット・ストリートという場所にあり、創業当時はセレクトショップの形態だったそう。ブランドの知名度を上げるため、当時大人気を誇っていたカルバン・クラインの広告に無断でSupremeのボックスロゴステッカーを貼って回ったという逸話が残っています。いかにもストリートブランドっぽい、面白い発想ですよね。

もちろんカルバンクラインからは猛抗議を受けますが、この事件は結果的にシュプリームの知名度を大きく上げました。

シュプリームが日本へ初上陸したのは、90年代の後半。ちょうど「裏原系」のカルチャーが世間を賑わせている頃でした。当時はあまり人気のないマイナーブランドという立ち位置でしたが、窪塚洋介が広告塔になるなどプロモーションを行い、少しずつその知名度を上げていきました。

そんなシュプリームが2017年にコラボをしたのが、誰もが知る老舗ブランド、ルイ・ヴィトンでした。

1854年にフランスで創業したルイ・ヴィトンは、最初はアパレルではなく、旅行用カバンを制作するブランドでした。現在でも財布などの革小物は人気がありますので、これはイメージしやすいかもしれません。

何と言っても有名なのは、モノグラムの柄ですよね。丸の中に星がデザインされたマークは、**薩摩藩・島津家**の家紋からとったものだ

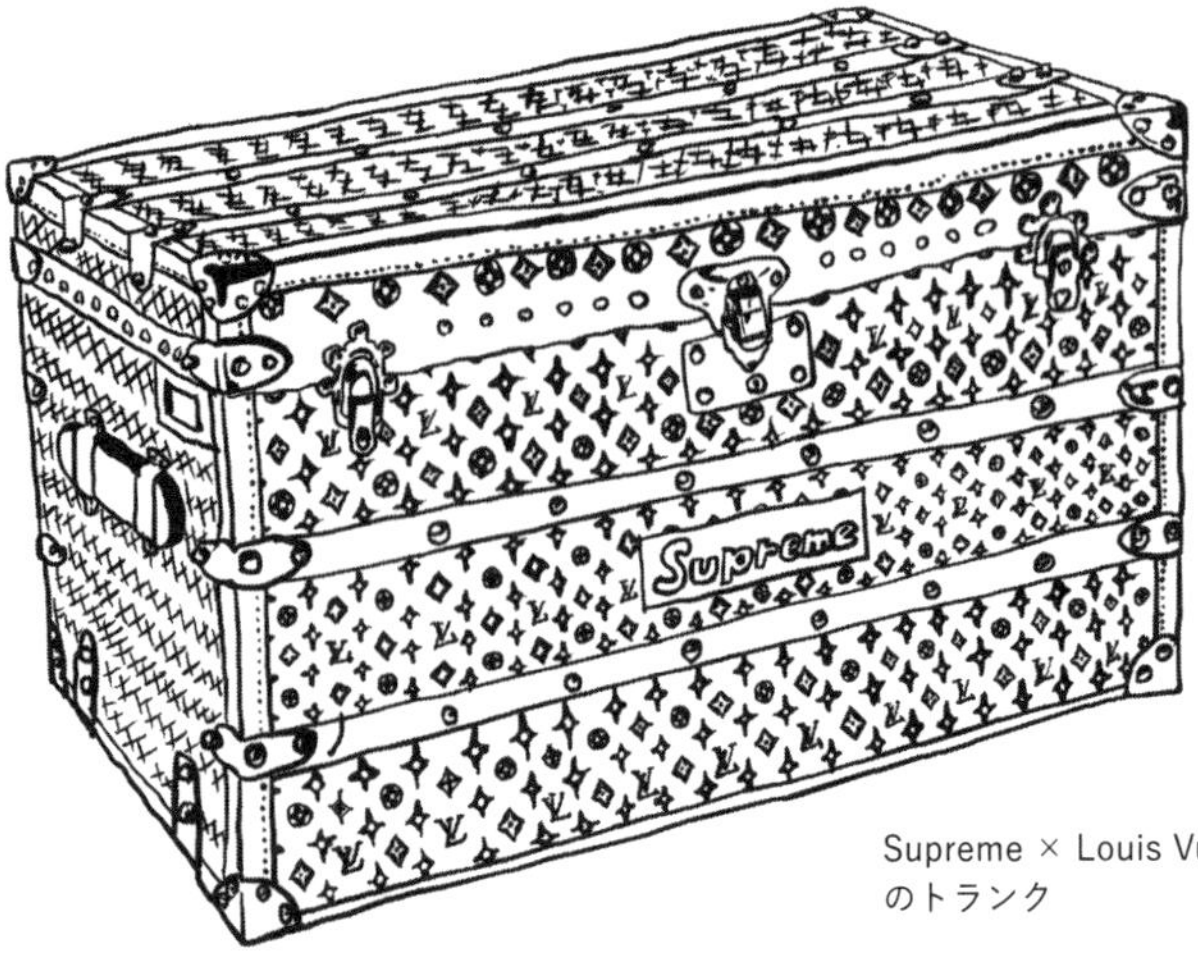

Supreme × Louis Vuitton
のトランク

と言われています。この柄がヴィトンで使われるようになったのは1896年のことですが、当時は**「ジャポニズム」と呼ばれる日本趣味**がヨーロッパで流行っていたんですね。

さてシュプリーム×ルイ・ヴィトンというビッグコラボは瞬く間に話題になり、**社会現象を巻き起こすほどの争奪戦が勃発しました。**抽選が開始される当日、日本の店舗ではなんと5000人ほどの列ができていたそうです。

発売直後は、当然プレ値の付いたコラボアイテムが大量に転売市場に出回りました。車が買えるくらいの値段がついたバッグが、全て新品であちこちのブランド古着屋に並んでいるのは、なんだか異様な光景でしたね。

JIL SANDER（ジルサンダー）

シュプリーム×ルイ・ヴィトンと同じ2017年、ドイツ発のブランド「ジルサンダー」のクリエイティブディレクターに、ルーク・メイヤー／ルーシー・メイヤー夫妻が就任しました。

妻ルーシーはルイ・ヴィトンやバレンシアガ、ディオールといったバリバリのメゾンブランドで経験を積んできたデザイナーで、一方夫であるルークは元々シュプリームのヘッドデザイナーという肩書を持つ、ストリートカルチャー出身のデザイナーです。彼はOAMCというブランドを手掛けていることでも知られていますね。

この起用もまた、ストリートとモードの接近を象徴する出来事でした。

まずはジルサンダーというブランドの歴史について簡単に振り返ってみましょう。

創業者であるジル・サンダーは1943年、ドイツ生まれのファッションデザイナーです。ジル・サンダーというのはいわゆる通り名で、本名はハイデマリー・イリーネ・サンダーといいます。

彼女は俗に「鉄の女」とも呼ばれており、**シンプルでミニマルなデザインをモードの世界に持ち込んだことでもよく知られています。**

今のジルサンダーの原型となるブティックがオープンしたのは1968年のことでした。ドイツ・ハンブルグにオープンしたこのブティックに、自分で制作した服も少し置いていたそうです。

※55　1985年、ジルサンダーは拠点をイタリア・ミラノに移し、ミラノ・コレクションに出展するようになります。ブランドは2000年前後に起きたメゾンの買収合戦の流れにも飲まれており、1999年にはプラダグループの傘下に入りました。しかしプラダ陣営と意見が対立し、2001年にジル・サンダー本人は会社を離れてしまいます。そこからはもうグチャグチャで、一度ジル・サンダーが復帰したと思ったらまた辞め、日本のオンワードに買収され、またジルサンダーが復帰と思ったら辞め……と、ブランドは波乱続き。現在はOTBという会社がブランドを所有しています。

1973年、ブランドはついにパリ・コレクションでのデビューを果たしますが、デビュー直後はあまり評価されなかったそう。当時はグラマラスでド派手な服が流行っていたため、彼女が作るシンプルな服は受け入れられにくかったんですね。結局最後まで芽は出ず、1980年を最後にパリコレから撤退してしまいます。[※55]

そんなジルサンダーは、**メイヤー夫妻の就任によって再び大きく注目を集める**ことになります。ブランドの特徴である**ミニマルなデザインはしっかりと継承されつつも、2人の若々しくモダンな感覚が見事にミックスされた**新生ジルサンダー。古参も新規も納得する、理想的な変化だったのではないかなと思います。[※56]

ジルサンダーのようなシンプルで洗練された服を作るというのは、実は一番難しいとも言われています。**シンプル＝誤魔化しが効かない**、ということでもありますからね。そもそもジルサンダーの服は、ただ単にシンプルなわけではありません。**単純に要素を削ぎ落としているのではなく、必要なディテールは上手く隠**

メイヤー夫妻

しながら残す……という、繊細なテクニックが随所に用いられているのです。ポケットの仕立てなんかは顕著ですね。

シンプルであることの美しさと難しさを教えてくれたのが、ジルサンダーでした。

ヴィトンとヴァージルアブロー

オフホワイトの創業者である、ヴァージル・アブローについてもここで詳しく触れておきましょう。

ヴァージル・アブローは１９８０年、アメリカのイリノイ州で誕生しました。

ヴァージルはカニエ・ウエストとゆかりが深く、彼がシカゴのプリントショップでデザインを手掛けていたところを、カニエのマネージャーに見出されたことがキャリアのスタートとなっています。要するに、がっつりストリートカルチャー出身の人なんですね。２００９年にはカニエと共に「フェンディ」のインターンに参加していたというのは有名な話で、コピー取りなどの雑用を共にこなしていたそうです。

※56 ジルサンダーが復活した要因として、ユニクロとコラボしたラインである「ユニクロ＋J」の存在も大きいですね。最初のコラボが２００９年〜２０１１年、そこからまた期間が空き、２０２０年の秋冬に９年ぶりの復活を遂げて話題となりました。特に初回の盛況ぶりはすごくて、とんでもない大混雑はニュースにもなっていましたね。

そして2013年、ヴァージルは「オフホワイト」を設立しました。

2018年、**ヴァージルは黒人としては初となる、ルイ・ヴィトンのアーティスティックディレクターに就任**しました。

先ほど話に出たシュプリームとのコラボ然り、特に近年のヴィトンは、老舗メゾンながら割と攻めた起用やコラボを行っています。※57

例えばヴァージルの前任であるキム・ジョーンズもまた、ストリートを背景に持つデザイナーだったりします。

ヴァージルが持ち込んだストリート×ラグジュアリーのクリエイションは、歴史あるルイ・ヴィトンでも高い評価を獲得しました。これはオフホワイトも同じなのですが、

ヴァージルが作る服は**派手さと品の良さ、この2つの混ぜ方が絶妙**なんですよね。

ヴァージルアブロー
(1980-2021)

SNS映えするポップな魅力は持っているけど、下品ではない……という言い方がしっくりくる気がします。実際「あの人が着てる！」みたいな感じで、各国のスターが着用するヴァージルの服が、インスタなどでよく話題になっていました。ヴァージル自身もまた、多くのフォロワーを抱えるファッションアイコンでしたしね。

2023年、ヴァージルの後任としてファレル・ウィリアムスがルイヴィトンのメンズクリエイティブディレクターに任命されました。2024年には初コレクションを発表しています。パリのセーヌ川にて行われたデビューコレクションには、数々のセレブリティが招待され話題になりました。「これぞラグジュアリー」と言えるような、とても壮大で華やかなコレクションだったと思います。

※57 革小物から発展してきたブランドと、クチュール（仕立て）から発展してきたブランドでは、どちらかと言えば前者の方が革新に寛容な所があります。エルメスはマルタン・マルジェラをクリエイティブディレクターとして迎えていますし、ロエベもまた、当時29歳だったJWアンダーソン（221ページ）をクリエイティブディレクターとして迎え入れました。

ディオールとキム・ジョーンズ

2018年よりディオールのクリエイティブディレクターへ就任したキム・ジョー

ンズもまた、ストリートカルチャーをバックグラウンドに持つデザイナーです。

1973年、イギリスにて誕生した彼は、服飾専門学校の名門「セントラル・セント・マーチンズ芸術大学」の大学院にてメンズウェアの博士号を取得しています。若い頃から才能に溢れていた人物で、卒業コレクションで発表したアイテムを、現マルジェラのデザイナーであるジョン・ガリアーノが購入したという逸話があります。

2003年には自身の名を冠したブランド「キムジョーンズ」を設立。翌年にロンドン・コレクションでデビューしました。2008年にはダンヒルのクリエイティブディレクター、そして2011年にはルイ・ヴィトンのメンズクリエイティブディレクターへ就任と、輝かしい経歴の持ち主です。

キム・ジョーンズ
(1973-)

経歴だけ見ると正統派なメゾンのデザイナーといった感じですが、**彼の持ち味はストリートの要素を落とし込んだ服作りや、コラボレーション**にありました。ブランド同士のコラボというのは、元来ストリートブランドが十八番としていたものですからね。何を隠そう、例のシュプリーム×ルイ・ヴィトンのコラボは、キム主導のもと実現したものです。

ただ、こう書くとヴァージル・アブローとキム・ジョーンズは似たデザイナーのように感じますが、僕は少し違うのではないかと考えています。**ヴァージルがストリートからメゾンへやってきた人である一方で、キムはストリートの感覚を持ったメゾンのデザイナー**です。似ているようで、真逆とも言えるんですよね。

あくまでメゾンのマナーを根っこに持ちつつ、積極的にストリートを取り入れる。これがキムのデザインの本質だと、僕は受け取っています。

グッチとミケーレ

さて、ここまで2010年代のモード×ストリートの流れを見てきましたが、もちろんモード界がそれ一辺倒だったわけではありません。ストリートとはまた別の文脈で、**独自の服作りを行っている素晴らしいデザイナー**はたくさんいます。

たとえば2015年から2022年までグッチのクリエイティブディレクターを務め、**「グッチに革命をもたらした」と評されるアレッサンドロ・ミケーレ**。

彼なんかは、まさにその一人です。

1972年、イタリア・ローマ生まれミケーレのキャリアは、イタリアのニットブランド「レ・コパン」という所から始まり、1997年よりフェンディ、2002年にはグッチへ移動……という流れを辿ります。トム・フォードがクリエイティブディレクターを務めていた時代から、グッチでのデザイン自体は担当していたんですね。

ミケーレによるグッチは、それまでトム・フォードらが築いてきた、上品でラグジュアリーな感じとはかなり違うものでした。ミケーレのデザインはもっとカオスで、**「メゾンでそんな事やっていいの？」と驚くような物が非常に多かった**印象があります。

例えば2018年秋冬に発表した、生首を持ったルックが登場したコレクションは、一躍話題となりました。ちなみにこの生首は一つ作るのに2万5000ポンド（約336万円）かかるんだとか。そこそこいい車が買えますね。

コラボに関しても ぶっ飛んだものが多く、トレバー・アンドリューという人物とのコラボが印象的でした。彼は「グッチゴースト」という名前で知られるアーティストで、まぁ言ってしまえば、グッチのロゴやらを無許可で使用したTシャツなんかを売っていた人でした。

アレッサンドロ・ミケーレ
(1972-)

ミケーレ率いるグッチは、そんな彼を訴えるのではなく、なんと**コラボの相手として選びました**。普通ではあり得ない発想ですよね。

他にも80年代にブランド品のブートレグ（海賊版）によって人気を博していたダッパー・ダンという人物とのコラボや、ドラえもんとのコラボなんてものもありましたね。

動植物のモチーフを大胆に取り入れたり、ジェンダーレスなコレクションを発表するなど、**次々と革新を行ってきたミケーレ**ですが、ただグッチの伝統を壊そうとしていたわけではありません。彼が作る服の根底にはもちろん、ブランドへのリスペクトがありました。

２０２２年、ミケーレはグッチのクリエイティブディレクターを退任することを発表しました。退任理由は親会社であるケリング・グループから大幅なデザインの変更を求められたからなんだそう。

ミケーレの後任にはサバト・デ・サルノという、元々ヴァレンティノでファッションディレクターを務めていた人物が就任しています。

Raf Simons（ラフ・シモンズ）

現代ファッションを語る上で、彼の存在もまた避けて通ることはできません。

1968年**ベルギー生まれのファッションデザイナー「ラフ・シモンズ」**です。

ベルギーといえばアントワープ・シックスやマルジェラを思い出しますが、まさしく彼はマルタン・マルジェラと同郷で、マルタンのコレクションを見て、ファッションの仕事をすることに決めたそうです。

ラフもまたアントワープ・シックスらと同様、名門である「アントワープ王立芸術アカデミー」への入学を希望しますが、スクールの創設者兼所長でもあったリンダ・ロッパという人物に「あなたはうちの学校で学ぶ必要がない」と言われてしまいます。要するに天才だったわけですね。

1995年、ラフシモンズはミラノの展示会にて初のコレクションを発表。1997秋冬にはパリ・コレクションに参加します。その後1999年から一度休止を挟み、2001年秋冬に再び活動を開始しました。

ラフシモンズには熱狂的なファンも多く、

- 2001年秋冬　Riot Riot Riot 期（暴動期）
- 2002年春夏　テロリスト期
- 2002年秋冬　VIRGINIA CREEPER 期
- 2004年春夏　宗教期

このように**各年のコレクションを「〇〇期」として区切って紹介**されることもあります。これら過去の作品（アーカイブ）はどれも人気が高く、今でも高額で取引されていますね。トラヴィス・スコットやカニエ・ウェストといった**セレブが着用したことで値段が高騰した**のですが、そのあまりの高騰具合に「資産価値がある」と言われることさえあるようです（笑）。

アーカイブ人気と言えば、まずラフシモンズが思い浮かびますね。

ラフ・シモンズ
(1968-)

ラフの過去作はどれも印象の異なる素晴らしいコレクションなのですが、そのデザインに共通する要素を挙げるとすれば、**若者が持つ反骨心や怒り、そして儚さ**が表現されている点は共通しているかなと思います。

例えばRiot Riot Riot期のルック（下図）を見てみると、元々は米軍の爆撃機兵用に開発されたボンバージャケットなんかはまさに、「暴動」を思い起こさせるアイテムですよね。しかしだからと言ってただ物騒なだけの印象に終わらないのは、複雑なレイヤード（重ね着）や顔をフードで隠すスタイリングが、どこか影を感じさせるからではないでしょうか。

ラフ・シモンズ
Riot Riot Riot 期のルック

ラフはこれまで登場したブランドと関わっていることも多く、たとえば２００５年から２０１２年秋冬までは、ジルサンダーのアーティスティックディレクターを務めています。メイヤー夫妻よりも前の時代ですね。

ラフによるジルサンダーは非常に評価が高く、約6年間続きました。

また2012年～2015年には、ディオールのクリエイティブディレクターも務めています。ディオールとしては初のベルギー人デザイナーの起用でした。

自身のブランドも含め、いくつものブランドのデザインを担当してきたラフ・シモンズでしたが、実はひとつだけ失敗もありました。それが、2016年～2018年までディレクションを務めたカルバンクラインです。

と言ってもラフのクリエイションが悪かったわけではなく、**あくまで「売り上げ的には失敗してしまった」**と言った方が正確な言い方ですね。簡単に言ってしまえばラフの持ち味である先進性なデザインを、カルバンクラインの顧客層はあまり求めてはいなかったのです。

ラフによるカルバンクラインについて、ブランドの元最高マーケティング責任者は「ラフのコレクションは創造力にあふれていて業界受けはよかったが、一般に売れるタイプの服ではなく、店舗での売り上げが悪かった。そしてラフは、コレクション以外の製品にそれほど真剣に取り組まなかったので、その売り上げも伸びなかった。商業的な裏付けのないアートは、上場企業では扱えない」と語っています。

Stella McCartney（ステラマッカートニー）

サステナブル。近年、よく聞くようになった言葉ですよね。「持続可能な」という意味を持つ言葉で、地球環境をはじめさまざまな配慮をすることで、より良い社会を作っていこうというこのムーブメントですが、もちろん**ファッションの業界においてもこの思想を取り入れたブランドは数多く存在**します。

中でも特筆すべきなのが、「ステラマッカートニー」でしょう。デザイナーのステラ・マッカートニーは、1971年に誕生したイギリスのデザイナー。「ビートルズ」のボーカルである、ポール・マッカートニーの娘として知られている人物でもあります。

彼女の才能は若い時からいかんなく発揮されており、最初に注目を集めたのは1995年、名門「セントラルセントマーチンズ」の卒業コレクションでした。作品のクオリティの高さはもちろんのこと、彼女の友人であるケイト・モスやナオミ・キャンベルなどが登場したこのランウェイは、大きな評判を呼びました。学生のコレクションにこんなスーパースターが出てくることなんてまずないですから、当然ですよね。

その2年後である1997年には、カール・ラガーフェルドの後任としてクロエのクリエイティブディレクターへ就任。まだ25歳という若さでした。

ステラは2001年にクロエのクリエイティブディレクターを退任し、2001年に自身の名前を冠したブランド「ステラマッカートニー」を設立。**彼女は厳格なベジタリアンでもあり、まだサステナブルという言葉が流行る前から、レザーやファーを使**

ステラ・マッカートニー
(1971-)

用しないという方針を掲げたブランドでもありました。

正直言ってサステナブルを掲げるブランドは（もちろんそれは素晴らしいことなのですが）得てして、**ファッション性に関しては二の次になってしまっているところも多い**印象です。しかしそんな中でステラの服作りは、ブランドの思想とクオリティを見事に両立した素晴らしいものだと思います。

最近では動物皮革に変わる代替素材「ミラム」を使用したバッグや、キノコの菌糸体から作られたハンドバッグを発売したことも話題になりました。

ステラマッカートニーをはじめとして、地球環境に配慮するブランドは年々増えています。この流れの中で、服作りに用いる素材についての認識もだいぶ変わってきたように思います。

例えばシンセティックレザー、いわゆる合成皮革なんかはその代表ですね。最近ではエコレザー（合皮とは厳密には定義が違います）なんてものも出てきました。

そもそも合皮には「あくまで本革の代わり」「安っぽい」といったイメージがあったかと思いますが、さまざまなブランドが積極的に取り入れるようになったことで、

近年はそういった認識も薄まってきているのではないでしょうか。

Lemaire（ルメール）

本書にも何度か登場しているユニクロ。

従来のファストファッション系ブランドには、どうしても「安かろう悪かろう」のイメージが付きまとっていました。しかし現在、特にユニクロに関しては、自身のスタイルに取り入れることに抵抗が無くなった人も多いのではないでしょうか。

ユニクロに対するこのイメージの変化には、分かりやすい節目があります。

２０１４年よりスタートした、**「ユニクロアンドルメール」**（現在はユニクロU）の存在です。このコラボを皮切りに、**ハイブランドとファストファッションがコラボするという流れが一般化**していきました。

少し前にご紹介した、ユニクロ×ジルサンダーもそのひとつですね。

クリストフルメールは、1965年生まれのデザイナーです。ブザンソンという、フランス東部の都市で生まれました。1990年にファッションブランド「クリストフルメール」を設立。はじめはレディースのみでしたが、1994年からはメンズも開始しました。

2002年には、ワニのマークでお馴染み「ラコステ」のアーティスティックディレクターに就任。その後2010年からはなんと、**エルメスのレディースウェアのアーティスティックディレクターに就任**しました。

最高級の生地、そして動きやすく、洗練されたシルエット。ルメールの服は派手さはありませんが、とにかく心地良いんですよね。

「良い服は、袖を通せばその良さがわかる」なんてよく言われますが、ルメールはその代表的な存在だと思います。

クリストフ・ルメール
(1965-)

JW Anderson（ジェイダブリュー・アンダーソン）

ユニクロとのコラボによって日本国内での知名度を獲得したブランドといえば、JWアンダーソンもそのひとつでしょう。

もちろんその実力も折り紙付き。非常に**トリッキーで面白い服作り**をする人で、世界的な評価・注目度ともに高いブランドです。

デザイナーのジョナサン・ウィリアム・アンダーソンは1984年、北アイルランドに誕生しました。非常に若い才能で、執筆時（2024年）でまだ30代のデザイナーです。

元々はアメリカで演劇を学び、俳優の道を志していたアンダーソンでしたが、徐々にステージ衣装の方へ興味が移っていったそうです。「ロンドン・カレッジ・オブ・ファッション」という芸術大学を卒業した彼は、2009年に「JWアンダーソン」を設立しました。

その後2013年には、ロエベのクリエイティブディレクターに大抜擢されます。当時の彼は29歳。10年経った現在のロエベの好調ぶりを見ても、彼の起用は大成功だったと言って間違いありません。**今最もノッているデザイナーのひとり**です。

彼が作る服にはどれも、尖った試みや遊び心が見て取れます。たとえば下図のルックでモデルが着用しているアイテムは、すべて粘土で作られたものです。パーカーやショートパンツといったありふれた日常着でも、こうして素材を変えるだけですごく新鮮なものに映りますよね。

ちなみに、こういったルックがランウェイに登場すると、「いやいや、誰が買うの？」

JW ANDERSON
（2024SS）

「こんなの着て外を歩けない」

なんて揶揄する声が上がるのをよく見かけます。

これにはちょっとした誤解がありまして、ブランドがコレクションに登場させるルックは必ずしも、日常着（リアルクローズ）として提案するためのものではありません。

コレクションで登場する服には、大きく分けて2種類あります。

「コマーシャルピース」と、「ショーピース」です。

コマーシャルピースとは、**売ることを目的とした服**です。日常的に使えて、着回しも簡単。「これは間違いなく売れるだろうなー」って感じのアイテムですね。

それに対しショーピースとは、**ブランドの技術や世界観を見せつけるための服**です。コレクションには多くのブランドが参加し、当然メディアからの注目も集まります。そんな群雄割拠のなかで目立つためには、わかりやすく目を引くものが必要ですよね？　そのために作られるのが、ショーピースというわけです。

つまりそもそも、お客さんに買ってもらうことを想定していないんですよね。

ＪＷアンダーソンの服は、**いつもポップな雰囲気を纏っている**所が好きだなと思います。コム・デ・ギャルソンやマルジェラといったブランドが発表する、手の込んだ尖った服というのは、基本的にダークな雰囲気を纏いがちです。

もちろんそれもカッコいいのですが、アンダーソンが作る服にはそういった要素がなく、ひたすらに楽しくて明るい服が多いんですよね。そこが**彼のすごさであり、最大の特徴**と言えるのではないかと思います。

毎シーズン実験的な服作りをするアンダーソンは自身のインタビューにて、

「現在のファッション界は、一度は大ヒットした作品の続編をつくろうともがいているように感じられます。実際そこにはもうかつての視聴者はいないのですけれどね」

と語っています。

Kiko Kostadinov（キココスタディノフ）

ＪＷアンダーソン同様、２０１７年に創業したキココスタディノフもまた、バチバチに尖った新進気鋭のブランドです。

創業者はブルガリア人のデザイナー、キココスタディノフ。ロンドンの芸術大学の名門「セントラルセントマーチンズ」の出身です。彼の名が広まった最初のきっかけは２０１５年、まだ大学在学中の事で、なんとステューシーから声がかかり、協業でカプセルコレクションを実施しました。このコレクションはドーバーストリートマーケット銀座（ギャルソンの川久保玲氏がディレクションするセレクトショップ）でも販売され、即完売したそうです。

その後２０１６年に、キコはセントラルセントマーチンズを卒業。翌２０１７年には、「NEWGEN」という新鋭デザイナーを支援するプロジェクトがありまして、その支援ブランドに選ばれました。同年、春夏シーズンにはロンドン・コレクションでデビューを飾り、２０１８年からはランウェイ形式でコレクションを発表しています。**デビューコレクションから、かなり注目度の高かったブランド**でしたね。

キコの服はよく、「再構築」という言葉を使って形容されます。**作業着や制服など、すでにあるデザインを解釈し、キコ流のアイテムとして提案する**のです。中には元ネタがわからないほど再解釈されたアイテムもあるのですが、それはキコ自身も意図しているところのようですね。

独特のカッティングや生地の切り替えなど、キコのアイテムは一目見ただけでそれだと分かります。**若いブランドながらここまで個性を確立させるというのは、そうそうできることではありません。**

また日本でも人気なのが、2018年から定期的に行われている、**アシックスとのコラボスニーカー**です。今では機能性・ファッション性ともに高い評価を得ているアシックスですが、当時はどちらかというとオシャレな靴、という印象はありませんでした。そんなアシックスが本格的に人気になってきたのは、やはりキコとの

kiko kostadinov
(2025SS)

コラボが大きなきっかけであったように思います。

Gosha Rubchinskiy（ゴーシャ ラブチンスキー）

ゴーシャラブチンスキーは、2015年に創業したロシアのファッションブランド。尖ったブランドといえば、こちらの名前も思い浮かびますね。

デザイナーのゴーシャは1984年のモスクワ生まれ。2003年にモスクワのデザイン学校を卒業後、2008年にコレクション初デビューという経歴を持ちます。

このブランドが世間で広く認知されるようになった背景にはコム・デ・ギャルソンの川久保玲氏の存在があります。日本で先陣を切って取り扱いを開始したのは、彼女が手掛けるドーバーストリートマーケット銀座でしたし、2017年秋冬からは、ギャルソンが日本国内の店舗運営とプレスを担当していたそうです。

2015年春夏シーズンに、ゴーシャはパリコレクションでデビューを飾ります。

ソビエト連邦の崩壊や冷戦の終結など、共産主義の波乱の時代を生きたゴーシャ自

身の背景に、ストリートの要素がミックスされたコレクションは、今思い返してもカッコよかったなと思います。

またゴーシャはコラボに積極的だったブランドで、アディダスやヴァンズ、カッパ、リーバイス、ドクターマーチンの他、2018年にはイギリスの老舗ブランド、バーバリーとのコラボも行っています。

そんなゴーシャでしたが、人気絶頂であった2018年、突如ブランドの終了を発表。世間に惜しまれながら業界の表舞台を去りました。

その後2019年3月には、新たにGR-Uniformaというブランドが発足。こちらもまた、世界中のドーバストリートマーケットにて発売されました。この年のディーゼルとのコラボも印象深いコラボレーションでしたね。

Gosha Rubchinskiy
(2018-2019AW)

Rick Owens（リック オウエンス）

デビュー時期は少し前後してしまうのですが、ここでリック・オウエンスによるブランド「リックオウエンス」についても紹介しておきましょう。

ブランドの創業は1997年。扱いとしてはフランスのブランドですが、デザイナーのリック自身はアメリカ・カリフォルニア州の出身です。

2002年秋冬、リックはニューヨーク・コレクションにて初のショーを発表。デビューから多くの著名人に絶賛され、ブランドは早い段階から知名度を上げます。同年にはペニーエリス賞という名誉ある賞を受章し、2004年秋冬からはコレクション発表の場をパリへ移しました。

リックは**「唯一無二」という言葉が最も似合うブランド**だと思います。トレンドに流されることなく、あくまで独自路線を貫く。それが、リックオウエンスなのです。

そのため歴史の流れの中に組み込むことが難しく、この章でのご紹介となりました。

ブランドが発表するコレクションを見ていると、ダークな世界観を基調とした、アヴァンギャルドなアイテムが目を引きます。それもブランドの特徴のひとつなのですがその一方で、「ジオバスケット」と呼ばれるハイカットのスニーカーやサルエルパンツなど、**日常にも取り入れやすい定番アイテムもまた人気**です。

その独自の世界観から、海外セレブをはじめ、多くの熱狂的なファンを抱えるブランドですね。

リック・オウエンスと
妻のミシェル・ラミー

新たに現れたドメスティックブランド

ここで、日本のブランド（ドメスティックブランド）にも目を向けてみましょう。

2000年代から現代にかけて、**もちろん日本でも素晴らしいブランドは多数登場してきます。**

ただ、このあたりで出てきたブランドはどうしても、「こういう流れがある中で、こういうブランドが出てきて……」というように体系的に語るのは難しい、というのが正直なところです。それだけ、ブランドや人々の好みが多様化してきたんですね。

なのでここからは少し趣向を変えて、ある種カタログ的に面白いブランドをご紹介していきたいと思います。僕はそもそもアパレルの店長をやったり、商品の買い付けをやったりしていた人間ですから、こういった切り口は割と得意分野でもあります。

「このブランド、挑戦してみようかな」

と思えるようなブランドが見つかれば、幸いです。

AURALEE（オーラリー）

まずは日常に取り入れやすい、キレイめなブランドからご紹介しましょう。

ベーシックで質の良いアイテムを提案するブランド「オーラリー」です。

ブランドの創業は2015年、デザイナーは岩井良太氏が務めます。ブランドのコンセプトにも掲げられている通り、オーラリーの強みは何と言っても**素材や生地へのこだわり**にあります。

ラクダの毛を使用したマフラーや、上質なウールのニット、シャリ感（シャリシャリした、ハリのある生地のこと）のあるチェックシャツ。**オーラリーがいかに素材使いを追求しているかは、アイテムを手に取ればすぐに実感できる**でしょう。僕自身、毎シーズン感動させられています。

提案されるアイテム自体もクセのないものが多く、上質な大人の普段着といった感じですね。**ファッション初心者から上級者まで、幅広く受け入れられるブランド**だと思います。

オーラリーはブランドを創業して2年足らずで、東京の南青山に直営店をオープン。翌年にはFASHION PRIZE OF TOKYO第2回を受賞し、またその翌年にはパリコレへ初参加するとともに、第37回毎日ファッション大賞にて新人賞、資生堂奨励賞を獲得しています。若いブランドの登竜門とも言える賞ですね。この経歴を見ても分かる通り、今最も勢いのあるブランドのひとつです。

特に近年は、発売日に争奪戦が起きるほどの人気があります。

AURALEE（2025SS）

COMOLI（コモリ）

２０１１年にデザイナーの小森啓二郎が立ち上げたブランド、コモリ。

コモリもまたオーラリーと同じように、**上質でベーシックなアイテムを作るブランド**です。「日本の気候や、日本人の体型に合う、シンプルで上質な日常着」というブランドのコンセプト通りですね。

コモリはオーラリーよりも少し玄人好みと言いますか、「分かりやすく良い素材を使っている」というよりは、**「実際に着てみることで、真の良さがわかる」**というイメージです。飽きのこない、長く使えるコモリのアイテムは毎シーズン安定した人気があります。

COMOLI の人気アイテム
「タイロッケンコート」

コモリが世間に大きく認知されたのは、２０１５年頃のこと。**「タイロッケンコート」**という、トレンチコートの原型と言われるコートを流行らせる先駆けとなったブランドでもあります。コモリが出てくる以前は、現代ファッションにおいてあまり見かけないアイテムだったんですよね。上品で美しいシルエットが出せるので、万人におすすめできるコートです。

ssstein（シュタイン）

オーラリーやコモリのようにキレイめなテイストはありつつ、もう少し「モード」っぽい、クールな雰囲気がお好みであれば「シュタイン」をおすすめします。

ssstein
(2024-2025AW)

シュタインは2016年に浅川喜一朗氏が立ち上げたブランドで、浅川氏は東京の神宮前にあるセレクトショップ「キャロル」のオーナーでもあります。ファーストシーズンは、パンツ3型のみの展開でした。

ブランドが本格的に勢いづき始めたのは2018年から2019年くらいのことで、徐々に色々なセレクトショップでの取り扱いが増えてきたイメージがあります。**現場で売れ行きを見ていても、本当に幅広い層に人気があるブランドだなと思いますね。**

初心者にも手が出しやすいとっつきやすさがある一方で、ファッションフリークたちを唸らせる細かい仕掛けもあったりして、その一筋縄ではいかない感じもまた良いなと思います。

HYKE（ハイク）

アウトドアブランドが出すような、機能性に特化した服を「テックウェア」「テック系」なんて言ったりするのですが、そういったニュアンスが好きな方にはハイクをおすすめしたいですね。

ハイクは2013年に、吉原秀明氏、大出由紀子氏夫妻によって創業されました。お2人はハイク以前（1998年〜2009年）にもgreen（グリーン）というブランドをやられており、こちらも直営店があるほど人気でした。

その後、大出氏のご出産や育児に専念することを理由に、グリーンは一度休止。2013年、新たにハイクを立ち上げたという流れです。

ハイクの魅力を言語化するなら「**機能美**」、このひと言に尽きると思います。

ミリタリーやスポーツウェアが持つ機能性をハイクなりに解釈した数々のアイテムは、どれも上品な美しさを持っています。ただのシャカシャカしたテックウェアではなく、モードの文脈と融合した機能的な服、というイメージですね。

TNFH
THE NORTH FACE × HYKE

ハイクは基本的にレディースウェアを作っているブランドですが、男性も着用できるようなユニセックスなアイテムも販売されています。そのため**女性のみならず、男性からの人気も非常に高いブランド**です。

また、機能美というキーワードとも関係してくるのですが、ハイクはマッキントッシュをはじめ、2015年にアディダス、2018年にはノースフェイスなど、スポーツ／アウトドア系の大型ブランドとのコラボも行っています。

DAIRIKU（ダイリク）

アメカジや、古着的なニュアンスを持つブランドもご紹介しましょう。

ダイリクは、デザイナーの岡本大陸氏が立ち上げたファッションブランド。コンセプトは「ルーツやストーリーが感じられる服」です。

岡本氏は2016年に「アジアファッションコレクション」のグランプリを獲得後、翌年にはニューヨーク・ファッションウィークにて初のランウェイ形式でコレクションを発表します。当時はまだ20代前半。若くして世界に才能を認められたデザイナーでした。

その後２０１８年より、東京にて展示会を開催。ブランドを本格的に始動させ、２０２２年には日本でもランウェイ形式のコレクションを発表しました。

ダイリクの服は、**映画好きである岡本氏が影響を受けた作品や、自身の経験からインスピレーションを得て作られている**そうです。分かりやすい例で言うと、２０２４年春夏のコレクションでは、ブルース・リーの衣装を模したベロア生地の黄色いつなぎが登場していました。

ブランドの定番アイテムはいくつかありますが、ダイリクのパンツは特に人気がある印象ですね。新品のジーンズなどを買うとポケット部分に紙製のタグ（フラッシャーといいます）が付いていることがあると思うのですが、この**フラッシャーをモチーフにした**

DAIRIKU の定番ストレートパンツ

ワッペンが付いているのが、ダイリクのパンツの特徴ですね。
シルエットも綺麗で、いろいろと着回しができるおすすめのアイテムです。

Facetasm（ファセッタズム）

もう少しストリートっぽいエッセンスを持ったブランドだと、２００７年のスタートした落合宏理氏のファセッタズムがあります。

ブランド名は宝石の切り子面や物事の様々な面を意味する「facet」からきているそうで、公式サイトには「たった１つの物事も正面から見た事実だけが全てではなく、横から見ること、後ろから見ることでまるで違った事実になる。常に新しい顔を持ち、プライドを持って挑戦し続けること。ファッションは楽しいと感じてもらえるものづくりを目指しています」と記されています。

２０１３年には毎日ファッション大賞の新人賞を受賞し、２０１６年には初のミラノ・コレクションに出展。この時ファセッタズムは、ジョルジオ・アルマーニによる新進デザイナーを支援するプログラムに選出されています。これは日本人初のことで、この出来事を契機にブランドの知名度は大きく上がることとなりました。

ファセッタズムの特徴は、**オリジナリティあふれるポップな色・柄使い、そしてストリートの要素をミックスしたオーバーサイズの服**です。いわゆるラグジュアリストリートが流行る前から、モードとストリートの融合させたスタイルを提案していたんですね。

また近年では、落合氏とファミリーマートが共同開発している**「コンビニエンスウェア」**も大人気です。ファッションデザイナーが手掛けたアイテムが、全国のコンビニで簡単に手に入る。これは革命的なプロジェクトだったと

FACETASM（2024SS）

思います。日常的に愛用している方も多いのではないでしょうか。

ANREALAGE（アンリアレイジ）

次はテイストを変えて、アヴァンギャルドな攻めたブランドをご紹介しましょう。

2003年、森永邦彦氏によってスタートしたアンリアレイジです。ブランド名は「A REAL（日常）」「UN REAL（非日常）」「AGE（時代）」をミックスした造語。2005年にニューヨークの新人デザイナーズコンテスト「GEN ART 2005」でアバンギャルド大賞を受賞し、翌年春夏シーズンに初のコレクションを開催しました。

また2011年には、毎日ファッション大賞の新人賞を受賞しています。この年に打ち出されたコレクションには、モザイクをモチーフにしたアイテムが登場していました。これには、「〝解像度〟を下げることで、服の見せ方を変えられるのではないか？」という森永氏のアイデアが反映されているそうです。面白い発想ですよね。

他にも印象的なアイテムといえば、**ブランドの定番にもなっている「ボールシリーズ」**が思い浮かびます。人間の身体とはかけ離れた「球体」に沿ってデザインされていることで、着たときには独特のシルエットを出すことができます。

このように、一見すると実験的でアート色の強いアイテムが多い印象のアンリアレイジ。しかしボールシリーズもまさにそうなのですが、実際に着てみると案外、突飛な印象はありません。というよりむしろ、**不思議と身体に馴染むような感覚**さえあるのです。

個人的にはこういった計算されたバランス感覚から、アンリアレイジが「ただヘンなことをやっているだけのブランド」ではないのだなと感じました。もちろん、そんなの当たり前の話ではあるんですけどね（笑）。

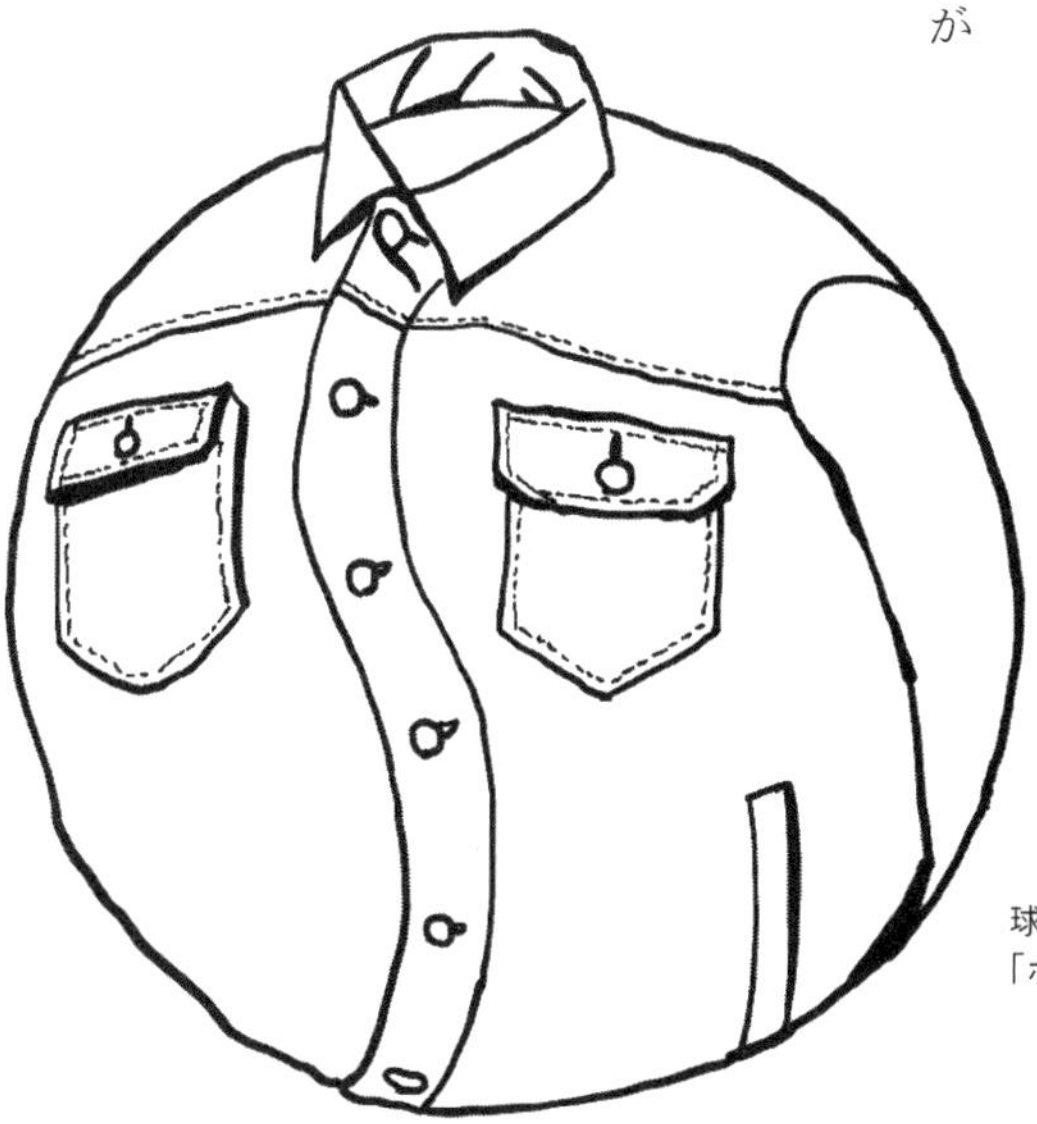

球体に沿ってデザインされた「ボールシリーズ」

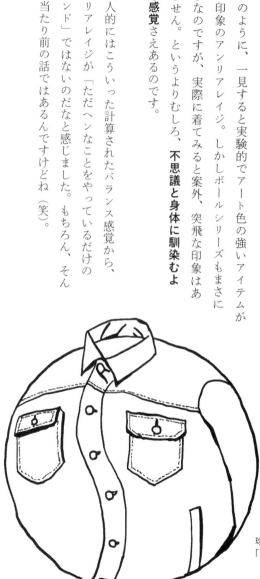

doublet（ダブレット）

個性派ブランドという括りなら、ダブレットも外すことはできません。
こちらは2012年に井野将之氏と村上高士氏が立ち上げたブランドで、コンセプトずばり、「違和感のある日常着」。井野氏に関しては、元々はミハラヤスヒロでデザインをやっていたことでも知られている人物です。

ダブレットは2017年秋冬シーズンに東京コレクションでのデビューを飾ると、翌2018年にはLVMHが若手の支援のために創設した「LVMHヤングファッションデザイナープライズ」にてグランプリを獲得します。また同じく2018年、イタリアの老舗メゾン「ヴァレンティノ」とのコラボも発表され、こちらも話題になっていましたね。

過剰なワッペン使い、胸ポケットから飛び出したクマのぬいぐるみ、あるいはブラ

ンドの定番でもある、カオスな刺繍。スタンダードなシャツやジャケットをベースにはしつつ、ダブレットが発表するアイテムはどれもパンチの効いたユニークなものばかりです。

またコレクションのテーマ選びや、ショーの見せ方もすごく面白いブランドですね。例えば2020年秋冬のコレクション。ダブレットはブランド初となるパリでのショーを行いました。

コレクションのテーマは「We Are The World」。インスピレーションの元となったのはなんと、日本のファミレスでした。メニューや看板にいたるまで、会場は本物のファミレスさながらに作り込まれていたそうです。

西洋的な美意識からはなかなか生まれない発想といいますか、ある意味**とても日本らしい感覚を持ったブラ**

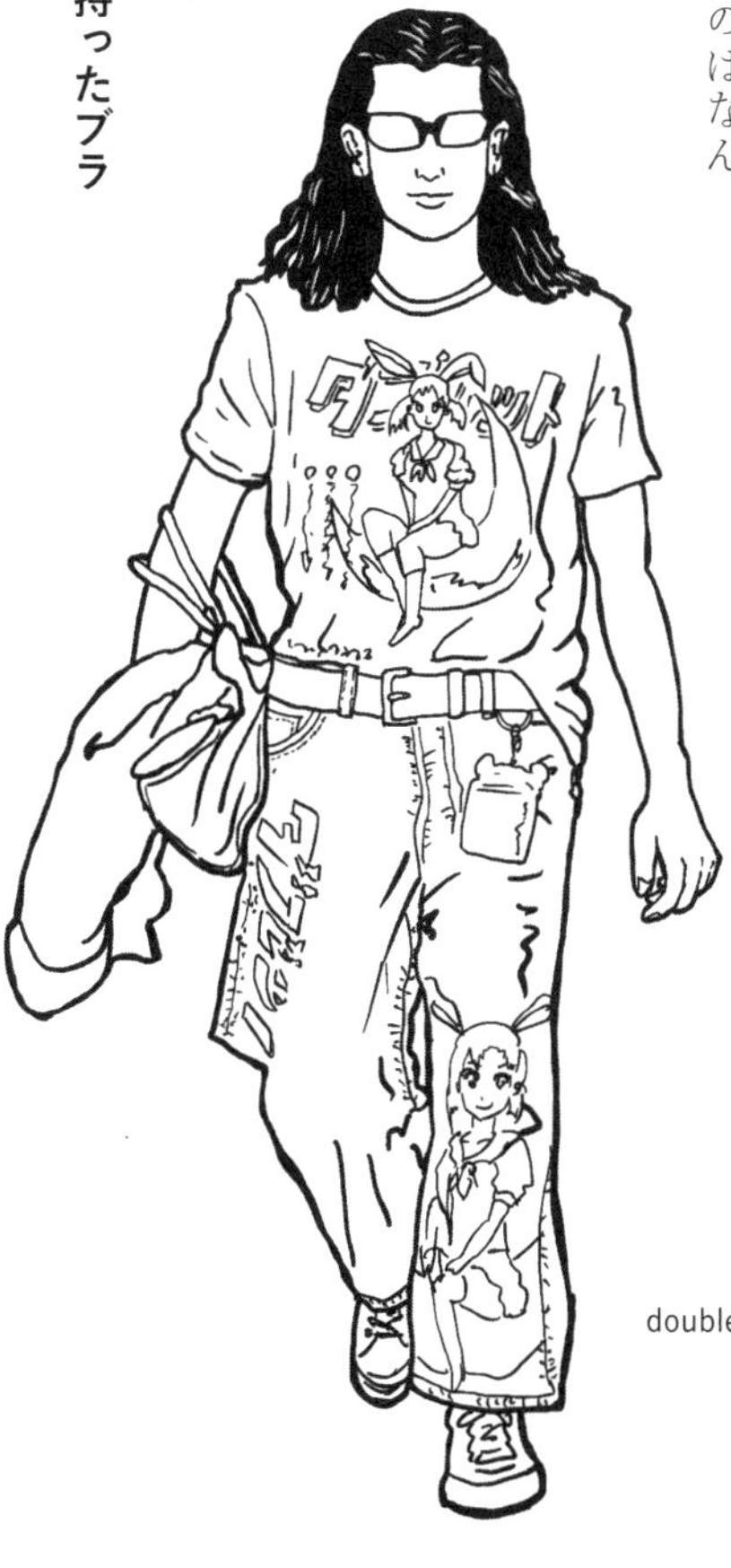

doublet（2025SS）

ンドだなと思います。２０２５年春夏シーズンのテーマは「推し活」でしたし、これもまた日本のブランドならではだなと思いますね。

多様な魅力を持った現代のブランド

さてここまで、どれも面白い個性を持った日本のブランドをできる限り紹介させていただきました。

もちろんこれ以外にも素晴らしいブランドはたくさんありますし、もっと取り上げたいところもあるのですが、キリがないのでここまでとさせてください。

ドメスティックに限らず、ここまでご紹介してきたブランドについて、

「興味が湧いたのでチャレンジしてみたい」

と少しでも思っていただけたのなら、嬉しいです。

もしも気になっているブランドがあるのでしたら、まずはお店に行って試着して

みるのもおすすめです。**服の魅力は何と言っても、着用することでより実感できるものですからね。**人によっては、そこから深い沼にハマってしまうので注意は必要ですが……。

逆にある程度好きなブランドや知識が固まっている方でも、定期的に新しいブランド、知らないブランドをチェックしてみるのはおすすめですよ。それによって興味が広がることはよくありますし、**せっかく服を好きになったのなら、出会いは多い方が単純に楽しいですから。**

世界にはとにかく情報が溢れていますし、新しいブランドも日々誕生しています。最終章でご紹介したブランドたちもいずれは「歴史」になり、そのエッセンスを受け継いだ新しい才能がたくさん生まれてくるでしょう。

僕たちがこの本で追いかけてきた服の歴史は、**本流ではあるかもしれませんが、それでもほんの一部に過ぎません。**本書をきっかけに自分の好きなジャンルや興味のあるカルチャーを見つけ、さらに深掘りしていってくださる方がいれば、それは僕にとって何よりの喜びです。

そして、こんなことを言っている僕自身、まだまだ勉強中の身でもあります。

次のモードは、誰が牽引していくのか。

どんな新しい才能が、これからの僕たちを驚かせてくれるのか。

アパレル業界に身を置く人間として、そしてひとりの服好きとして楽しみにしながら、本編の結びとさせていただきます。

最後までお付き合いいただき、ありがとうございました！

おわりに – afterword

戦前から現代にかけて、ファッションの歴史、その中で誕生した素晴らしいデザイナーやブランドについて見てきました。**上流階級のお金持ちしか楽しめなかったファッションがこうして一般にも広まり、その勢いや多様化はいまだ止まることがありません。**

僕たちは今、すごく面白い時代を生きていると思います。

この本の冒頭にも書きましたが昨今では、

「ハイブランドと同じ工場、同じ生地を使用しているのに、この値段！」

と、コストパフォーマンスの高さを売りにした販売手法を当たり前に見るようになりました。こういった付加価値には一定の需要がありますし、それ自体を否定するつもりはまったくありません。

しかし一方で、**例えばバレンシアガとまったく同じデザインで、全く同じ素材を使用していたとしても、その商品が「バレンシアガと同じだ」と言うことはできません。**それはここまで読んでいただいた方であれば、分かっていただけるかと思います。

商品は模倣できても、ブランド自体の模倣をすることはできないのです。品質の高さやデザインの良さだけでは示すことのできない、無形の価値。これが、〝ブランド〟というモノの力なのではないでしょうか。

極端に言えば、ブランドやデザイナーの背景にあるストーリーなんて知らなくても、ファッションを楽しむことはできます。なんとなくカッコいいから着る。これだけで成立してしまうのが、ファッションの強みであり、ある種の本質でもありますからね。

……でも、知っていた方がより楽しくないですか？

「好き」と感じる服の背景には何があって、どのような歴史を経て自分のところまでたどり着いたのか。**それを知っているだけで、ファッションはより楽しくなると思うのです。**詰まるところ、この本を通して僕が言いたかったのはそういうことでした。

本書が、皆さまがよりファッションに興味を持ったり、楽しんだりしてもらえるためのきっかけになっていれば幸いです。

最後に。

この本の出版にあたり、本を書くのが初めてだった私に声をかけてくださり、ここまでご指導くださいました彩図社さん、および編集の山下さんに感謝の意を表します。支えて下さった皆さまのおかげで、無事出版まで至ることができました。

本当にありがとうございました。

２０２４年９月　とあるショップのてんちょう

《参考文献》

・服を作る：モードを超えて／中央公論新社／２０１３年・THE STUDY OF COOMME des GARCONS／リトル・モア／２００４年・AMETORA　日本がアメリカンスタイルを救った物語／DU BOOKS／２０１７年・20世紀モード史／平凡社／１９９５年・BIBA Swingin' London 1965-1974／ブルースインターアクションズ／２００６年・Fashion Visionaries：世界のファッション・デザイナー名鑑／スペースシャワーネットワーク／２０１５年・わたしの服の見つけかた：クレア・マッカーデルのファッション哲学／アダチプレス／２０１８年・東京ファッションクロニクル／青幻舎／２０１６年・アメリカの戦争：歴史で読み解く／学研プラス／２００４年・ＵＡの信念 ―すべてはお客様のために／日経事業出版センター／２０１４年・モードの王国―40人のイタリア・デザイナーたち／文化出版局／１９８４年・文化ファッション体系服飾関連専門講座〈６〉改訂版・西洋服装史 文化服装学院変／文化出版局／２０００年・ストリートファッション 1980-2020―定点観測40年の記録／ＰＡＲＣＯ出版／２０２１年・ヴォーグ・ファッション１００年史／スペースシャワーネットワーク／２００９年・エルメスの道／中央公論新社／１９９７年・20世紀モードの軌跡／文化出版局／１９９４年・ファッションの歴史：西洋服飾史／朝倉書店／２００３年・20世紀からのファッション史：リバイバルとリスタイル／原書房／２０１２年・ファッション誌をひもとく／北樹出版／２０１７年・ピエール・カルダン：ファッション・アート・グルメをビジネスにした男／駿河台出版社／２００７年・おしゃれの社会史／朝日新聞社／１９９１年・ラグジュアリー産業 急成

長の秘密／有斐閣／2022年・オフィシャル・プレッピー・ハンドブック／講談社／1981年・日本現代服飾文化史：ジャパンファッションクロニクル インサイトガイド 1945~2021／講談社エディトリアル／2022年・VOGUE ON クリスチャン・ディオール／ガイアブックス／2013年・VOGUE ON ユベール・ド・ジバンシィ／ガイアブックス／2014年・VOGUE ON ヴィヴィアン・ウエストウッド／ガイアブックス／2015年・ココ・アヴァン・シャネル 愛とファッションの革命児 上／ハヤカワ・ノンフィクション文庫／2009年・ココ・アヴァン・シャネル 愛とファッションの革命児 下／ハヤカワ・ノンフィクション文庫／2009年・ココ・シャネルの言葉／大和書房／2017年・「イノベーター」で読む アパレル全史／日本実業出版社／2020年・ストリート・トラッド ～メンズファッションは温故知新／集英社／2018年・ファッション イン ジャパン 1945-2020―流行と社会／青幻舎／2021年・スペクテイター〈44号〉 ヒッピーの教科書／幻冬舎／2019年・戦後ファッションストーリー／平凡社／1989年・族の系譜学：ユース＝サブカルチャーズの戦後史／青弓社／2007年・ラグジュアリー戦略―真のラグジュアリーブランドをいかに構築しマネジメントするか／東洋経済新報社／2011年・ファッション狂騒曲／宝島社／1989年・ファッションの20世紀：都市・消費・性／NHK出版／1998年・誰がメンズファッションをつくったのか？ 英国男性服飾史／DU BOOKS／2020年・20世紀ファッション：時代をつくった10人／河出書房新社／2007年・ユニクロ対ZARA／日本経済新聞出版社／2014年・WHAT' S NEXT? TOKYO CULTURE STORY／マガジンハウス／2016年・マリー・クワント／晶文社／2013年・official AMERICAN TRAD HANDBOOK／万来舎／2014年・ファッション辞典／文化出版局／1999年・私は流行をつくる／新潮社／1953年・もっとも影響力を持つ50人のファッション

デザイナー／グラフィック社／２０１２年・ラルフ・ローレン物語／集英社／１９９０年・プラダ　選ばれる理由／実業之日本社／２０１５年・FASHION 世界服装全史／東京堂出版／２０１６年・VIVIENNE WESTWOOD ヴィヴィアン・ウエストウッド自伝／DU BOOKS／２０１６年・メンズ・ファッション用語大事典／誠文堂新光社／２０１０年・世界服飾大図鑑／河出書房新社／２０２０年・まるごとモッズがわかる本：MUSIC&CULTURE STYLE MAGAZINE／エイ出版社／２００４年・ザ・ストリートスタイル／グラフィック社／１９９７年・100 IDEAS THAT CHANGED FASHION -ファッションを変えた１００のアイデア／ビー・エヌ・エヌ新社／２０１２年・イタリアン・ファッションの現在：現代イタリア社会学が語るモード・消費文化・アイデンティティ／学文社／２００５年・モードの社会史：西洋近代服の誕生と展開／有斐閣／１９９１年・グッチの戦略：名門を３度よみがえらせた驚異のブランドイノベーション／東洋経済新報社／２０１４年・ポストDC時代のファッション産業／日経BPマーケティング(日本経済新聞出版／１９８９年・渋カジが、わたしを作った。団塊ジュニア&渋谷発　ストリート・ファッションの歴史と変遷／講談社／２０１７年・堕落する高級ブランド／講談社／２００９年・ヒッピーのはじまり／作品社／２０２１年・イギリス「族」物語／毎日新聞出版／１９９９年・ファッションで社会学する／有斐閣／２０１７年・丘の上のパンク -時代をエディットする男、藤原ヒロシ半生記／小学館／２００９年・ファッションスタイル・クロニクル イラストで見る〝おしゃれ〟と流行の歴史／グラフィック社／２０１８年・ブランド帝国の素顔：LVMHモエヘネシー・ルイヴィトン／日経BPマーケティング(日本経済新聞出版／２００２年・ファッションデザイナー：食うか食われるか／文藝春秋／２０００年・イギリス１９６０年代-ビートルズからサッチャーへ／中央公論新社／２０２１年・VANストーリーズ —石津謙介とアイビーの時代／集英社／２００６年・TAKE IVY／婦人画報社／１９６５年・１９９５年のエアマックス／中央公論新社／２０２１年・Margiela: The Hermes Years／Lanoo Books／２０１８年・Martin Margiela: The Women's Collections 1989-2009／Rizzoli Electa／２０１８年・Ｐｅｎ（ペン）２０１２年２／１５号 一冊まるごとコムデギャルソン／阪急コミュニケーションズ／２０１２年・Ｐｅｎ（ペン）２０１４年８／１５号 1冊まるごと エディ・スリマン／ＣＣＣメディアハウス／２０１４年・MIYAKE DESIGN STUDIO 株式会社三宅デザイン事務所 https://mds.isseymiyake.com/mds/jp/・元アントワープ・シックスのマリナ・イーが回顧する青春時代と空白の時間 https://www.fashionsnap.com/article/marinayee-interview/・「モードは終わった」by栗野宏文上級顧問連載「モードって何？」Vol.5 https://www.wwdjapan.com/articles/928443・ファッションプレス https://www.fashion-press.net/・ファッションスナップドットコム https://www.fashionsnap.com/・VOGUE https://www.vogue.co.jp/fashion・WWD https://www.wwdjapan.com/

＜著者略歴＞

とあるショップのてんちょう

セレクトショップの店長／バイヤーとしての経験を持ち、現在もアパレル業界に身を置く。「とあるショップのてんちょう」として、YouTube をはじめとする各メディアで情報を発信中。

YouTube チャンネル：(https://www.youtube.com/@toarushop)

教養としてのハイブランド
フツーの白シャツが 10 万円もする理由

2024 年 10 月 23 日　第一刷
2025 年　6 月 20 日　第五刷

著　者　　とあるショップのてんちょう

イラスト　　吉川尚哉

発行人　　山田有司

発行所　　株式会社　彩図社
東京都豊島区南大塚 3-24-4
MTビル　〒 170-0005
TEL：03-5985-8213　FAX：03-5985-8224

印刷所　　シナノ印刷株式会社

URL：https://www.saiz.co.jp
https://X.com/saiz_sha

 ISBN978-4-8013-0733-9　C0063